『中国名石丛书』

鉴赏与投资

巴林石

Balinshi Jianshang Yu Touzi

/郑伟 编著/

海潮摄影艺术出版社

图书在版编目(CIP)数据

巴林石鉴赏与投资／郑伟编著．—福州：海潮摄影艺术
出版社，2008.12
　(中国名石丛书)
　ISBN 978-7-80691-466-3

　I．巴… Ⅱ.郑… Ⅲ.①奇石－鉴赏－巴林右旗②奇石－
投资－巴林右旗 Ⅳ.G894　F724.787

中国版本图书馆CIP数据核字（2008）第199760号

策　　划：曲利明　谢　宇
责任编辑：刘　强　廖飞琴　曾长旺

中国名石丛书·巴林石鉴赏与投资

作　　者：郑　伟
出版发行：海潮摄影艺术出版社
地　　址：福州市东水路76号出版中心12层
邮　　编：350001
印　　刷：北京威灵彩色印刷有限公司
开　　本：889×1194毫米　1/16
印　　张：13
字　　数：150千
图　　片：500幅
版　　次：2009年5月第1版
印　　次：2011年6月第2次印刷
印　　数：3001-4000册
书　　号：ISBN 978-7-80691-466-3/G·123

定　　价：78.00元

前　言

　　巴林石，出产于中国内蒙古自治区赤峰市巴林右旗。巴林石属叶蜡石系列，石质细润，通灵亮洁，光彩灿烂，色泽柔媚，软硬适中，适于篆刻印章或雕刻精细工艺品，为上乘石料，历来为中外友人所推崇，乃是藏品中的珍品。巴林石与寿山石、青田石、昌化石并称为"中国四大印石"，在"四大印石"中最迟受到推崇，故又称之为最年轻的名石，目前的市场价值低于其他的传统印石。但随着时间的推移，巴林石又名品辈出，已经为中国印章石重重地描出精彩的一笔。

　　巴林石大体上可分为鸡血石、福黄石、冻石、彩石。巴林鸡血石是巴林石中的极品，有"草原瑰宝"的美誉，其石质地温润坚实，软硬适中，宜于镌刻，石斑上血迹聚散有致，红光照人。

　　巴林福黄石，其石质地透明而柔和，坚而不脆，色泽纯黄无瑕，集细、洁、润、腻、温、凝六大要素于一身，凤毛麟角，珍贵至极，金石界素有"一寸福黄三寸金"之说。

　　巴林冻石的石质细润，通灵清亮，质地细洁，光彩灿烂，颜色妖媚温柔，似婴儿之肌肤，娇嫩无比，其彩霞冻石更为珍贵，洁白透明，肌体中所渗之云霞状红色纹理变化无穷，犹如一幅旭日喷薄、红霞漫天的水彩画。

　　巴林彩石的彩色图案以天然见长，色彩艳丽多姿，纹理惟妙惟肖，美丽奇妙。巴林彩石上绚丽的色彩，流畅的线条，形似栩栩如生的水草松枝等天然画面，鬼斧神工地表现了大自然的奥妙。

　　在当今宝石市场中，巴林石正以巨大的魅力吸引着众多爱石者。遗憾的是，有关系统、全面介绍和宣传巴林石的图书却较少，这与其应有的身份和地位不够相称。为了适应巴林石市场和石文化发展的需要，弥补巴林石资料的不足，根据有关石玩专家、收藏爱好者的建议及广大开采、加工销售人员的要求，我们倾力编著了此书，以满足读者的需求。

在编辑过程中，我们参考大量有关巴林石的各类资料，整理分辑，求真辨伪，赏美撷识，从星散于浩如烟海的奇石古籍和现代收藏书刊中收集了相关巴林石的大量珍贵资料，使本书成为迄今而止最全面和系统地介绍巴林石的最权威的图书，与介绍寿山石、青田石和昌化石图书一起组成了中国名石丛书。

本书分上中下三篇，上篇讲述巴林石的历史文化概况，包括巴林石的历史文化、产地分布、开采状况等；中篇讲述巴林石的品类，包括巴林石的品种分类及不同品种的面貌特征等；下篇讲述巴林石的收藏与投资，包括巴林石的品种鉴别、真伪辨识、工艺雕刻、选购收藏、加工保养等。全书共15万字，500余幅精美彩图，用铜版纸四色彩印，图文并茂，寓庄于谐，是广大文物研究者、收藏者、投资者和艺术爱好者考古挖掘、鉴真识伪、歌物咏志的良师益友，亦是弘扬民族文化，拓展读者视野，陶冶人们情操的一份精神食粮。

博采众长，凝结真知，给读者展现一个瑰丽斑斓的名石异宝世界，是编者的美好愿望。本书在编辑出版过程中得到众多藏石爱好者的倾力支持与合作，谨此一并致谢！鉴于时间短促，水平有限，不妥之处，敬请读者和专家批评指正。读者交流邮箱：raady@tom.com。

编 者

目 录

200 附　录

上 篇

巴林石历史概况

第一章

巴林石概况

一　巴林石的产地

在我国内蒙古自治区赤峰市往北大约200余千米的巴林右旗有座山叫雅玛吐山，那里盛产一种似玉彩石，由于其产地毗邻林西县，因此，20世纪早期的矿物学家张守范教授，曾经将其命名为"林西石"。后来，随着收藏和古玩市场的进一步兴旺，此石终于迎来了自己的春天，身价倍增，并很快跻身于中国"四大名石"之列，而且还享有名石美誉。出产该石的矿区位于距巴林右旗政府所在地大板镇50千米的北面。1978年中国轻工业部将此矿区列为我国三大彩石基地之一，并正式将该石命名为"巴林石"。

巴林右旗位于大兴安岭支脉西段的朝鲁吐坝、乌兰坝南麓。赤峰市便是巴林石

▲　巴林右旗巴林石销售市场

▲ 巴林右旗草原

▲ 雅玛吐山巴林石矿外景

的主要集散地，巴林右旗所产的叶蜡石主要是靠赤峰的铁路运往我国境内其他地方和世界各国的。大板镇是巴林石的原产地，也是巴林右旗的首府。巴林右旗是我国北方人类文明的重要发源地之一，在我国蒙古族发展史上占有十分重要的地位。

根据各种资料显示，远在30万年前，今巴林右旗一带地区，气候湿润，森林密布，草原茂盛，为人类祖先的生存、发展、繁衍提供了良好的自然条件。大约在1万年前的旧石器时代晚期和新石器时代早期，人类就在这里有了广泛的活动，并且创造了辉煌灿烂的物质文明和精神文明。新石器时代的红山文化遗迹在全旗各地均有发现。红山文化遗迹是距今有五六千年历史的人类活动的文化遗迹。在毗邻的翁牛特旗三星塔拉村出土了目前所知我国最古老的玉龙，为我们是龙的故乡提供了有力的佐证。

巴林右旗所处的地理位置，具有明显的大陆性气候特征——风沙较大，干旱少雨，日照充足，无霜期短，气温日较差和年较差都比较大。地势自北向东南倾斜，年降水量只有300毫米左右，而蒸发量却相当于降水量的6倍，且降水多集中于每年的6~8月。境内多为季节性河流。古代北方著名的河流——潢水（即现在的西拉沐沦河）贯通全境。从大板镇到巴林矿区，有一条修筑在第四系古河床上的简易公路，沿途为绵延起伏的丘陵，坡度低缓，相对高度通常不超过200米，岩层风化比较严重。这里气候干旱，地表地下水也较匮乏。距矿区8千米的查干沐沦河北南流向，流量很小，基本上属于季节性河流。矿区就位于查干沐沦苏木境内（苏木乡）的雅玛吐山北侧，地理坐标为东经118°22′40″，北纬43°47′10″。雅玛吐山山势平缓，海拔1072米。

二　巴林石的矿产分布

巴林石的产地雅玛吐山呈东向西走势，是由两座小山组成的，东部的较大，当地人称之为"大化（滑）石山"；西部的则较小，当地人称之为"小化（滑）石山"。地表主要为第四系掩盖，地表向下主要为植被、黄土、腐殖土、风积沙及坡积碎石等，厚度4~15米，分布十分广泛。山坡地表植被为低矮耐旱小灌木，而接近古河床的坡地则呈半沙漠状，基本没有植被。由矿区总部所在地向南眺望，整个矿区基本在一条平行线上，由东向西分布，长约2500米，宽300~800米。

巴林石矿位于新华夏系第三区型隆起带——大兴安岭隆起带西南端的东南边缘，属于白音诺景峰新华夏系Ⅱ级断裂构造系带的一部分。地面出露的地层由老而新，有志留系、二叠系、侏罗系、白垩系和第四系，其中二叠系和侏罗系出露较为齐全，分布面积也相当广泛。矿区主要的地质岩石由上侏罗纪马尼吐组陆相喷发的中性、酸性火山熔岩、火山角砾岩、凝灰岩和泥页岩组成。

矿区的地质构造以断裂为主。成矿前

▲　赤峰区巴林石旗巴林石矿雅玛吐山

▲ 巴林石矿外景

期断裂沿东西方向延伸，规模较大。成矿中期的断裂构造，是伴随着次火山岩的侵入、围岩蚀变的发生所形成的一系列张扭性断裂，南北走向，相互平行，密集成组。本组断裂构造控制着叶蜡石、鸡血石矿脉的生成，具有活动次数多、由张扭性向压扭性转化的特点。受该组断裂构造的制约，致使矿脉分段集中，在平面剖面上平行排列或侧列，因此构成了巴林石矿矿藏的特殊性，即叶蜡化的岩石部分受到东西断裂构造和南北断裂构造的严格控制，不能向四周延伸。因而东西断裂构造以北部分形成叶蜡石矿，南部则未见高岭石化迹象。成矿后期断裂迹象明显，断裂多与矿脉平行或重合，为压扭性结构面，规模不大，长几十米至百余米，宽约十几厘米，对矿脉有一定的破坏性。如2号矿脉、26号矿脉，都因遭受这一时期的影响而使矿石破碎，有些矿脉还发生错位变化。

由于受过三个断裂构造的影响和制约，雅玛吐山北侧形成的矿脉分支较多。在矿区内，叶蜡石共被划分为5组矿脉，编号由西向东排列，每组有矿脉4~8条。其中以西部的质量为最佳。颜色纯正，石质温润，巴林石中最为名贵的石种——鸡血石，就集中于矿区西部1号脉组内。

巴林石矿的矿脉形态复杂，较常见的有竖脉状、豆荚状、窝巢状和连续透镜状。矿脉厚度、质量变化相当大，膨胀、收缩、尖灭、再现或侧现的现象非常普遍，致使

▲ 鸡血石矿脉洞口

巴林石要较其他叶蜡石开采难度大。个别矿脉叶蜡石与岩石的剥离比竟达千分之一。地表露出的矿脉，最高的是35号脉，标高1065米；最低的是8号脉，标高861米——在此高度下，尚未发现有开采价值的矿脉。

巴林石矿有三个主矿区：

①巴林右旗雅玛吐矿，此外尚有二道沟、四楞山（大黑山）矿区。

②巴林右旗东部吐拉达苏木（乡），所产的石为白色，块状，硬度为2，局部肌理有辰砂（鸡血）细脉填充，开采规模较小。

③阿鲁科尔沁旗白音汗都苏木（乡），解放前已开采两处矿点，开采矿石同右旗两矿相似。

巴林石矿开采的方式有竖井、斜井和露天开放式。目前正在开采的矿脉点有20余处。矿区西部1号脉组中的鸡血脉点，采取的就是开放式掘进，鸡血石脉鲜艳无比，储量也大，开采面极为壮观。1号脉组中还经常出现"跑窝"现象。"跑窝"是对独立产出的体积较小的石料的称谓。一般来讲，"跑窝"的石料都是质量相当好，无绺无裂，令人非常满意的印材。

巴林石矿脉分布在雅玛吐山上，采石点按传统名称叫做卧子。山上卧子布局有疏有密，周围并无明显特征。为了便于区

▲ 巴林石矿洞

▲ 地表巴林石矿石

巴林石鉴赏与投资

Balinshi Jianshang Yu Touzi

别，各个卧子都以第一任采石班长名字命名。下面分别介绍各个卧子的石材情况。

1. 刘福卧子

这个卧子只生产冻石，透明度最佳，颜色为黄黑相间，色块面积大而且分明，黄颜色为中黄或淡黄，黑色很像熬皮冻时的沉淀物。此类冻石为巴林石中的极品。1983年进行开采，其优良品质是空前的，从那以后，还未挖掘出能与之相匹敌的冻石。这个卧子后来因雨季土层溜坡，采石点被深深地掩埋而停采。

2. 斯琴白音卧子

这个卧子出产的石材质量为两个极端，一种是质量略次于刘福卧子的白色、黄色冻石，但数量较少；一种是土黄与灰黑相间、纯黑、纯灰和白四种颜色的粗石，类似福州寿山的"财主石"，石质粗糙，少油性，难出光泽。

3. 西里布卧子

这个卧子出产不透明的黄、红两色巴林石，质量中上等。

4. 霍文忠卧子

这个卧子出产不透明的灰白颜色的巴林石，颜色集中，易于区别，质地一般。

5. 张向金卧子

这个卧子出产冻石、蜡石、鸡血石，鸡血隐在冻石或蜡石上，质量优良，这是鸡血石矿脉的一条正线。

6. 蒙和白音卧子

这个卧子出产花色的巴林石，颜色碎而杂，质地中等。

7. 郭风槐卧子

这个卧子出产的巴林石为灰白色，硬度和密度都差，易于雕刻，难出光泽。

8. 张国久卧子

这个卧子出产冻石和彩色巴林石，冻石质地中等，彩石质量上等。

9. 张向东卧子

这个卧子出产黑白两色的巴林石，质地一般。

10. 季任卧子

这个卧子为查干沐沦苏木所属，也称"小矿"。所产石材颜色丰富，质地有优有劣，优者为零星散布在石中的鸡血石；中者为半透明的冻石和彩石；劣者人称"驴皮石"，质地粗，颜色有黑、青、灰、白，灰色为主。另有一种石材，石中均匀地布满圆点（砂丁），是刻豹子和梅花鹿的理想材料。

这个卧子的另一特点是线头长，多年开采，未见尽头，后期分为直井和斜井，质量优于过去。

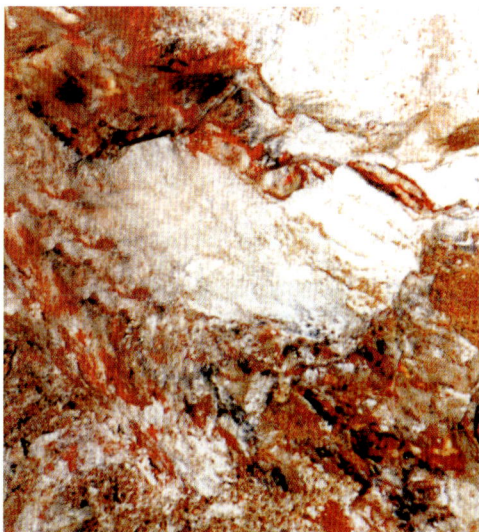

▲ 巴林鸡血石矿脉

三　巴林矿石的特征及成因

1. 矿石的特证

巴林石矿形成于距今1.5亿年前的侏罗纪晚期，巴林石矿存在于蚀变的酸性火山熔岩及火山碎屑岩中，成矿的热液沿着断裂上升，在岩石裂隙中充填形成了巴林石矿脉。

巴林石从地质观点来讲，其说不一，可归纳为两种观点：一种是叶蜡石说，另一种是高岭石说。

认为是叶蜡石的理论根据是：因为巴林右旗雅玛吐山是大片的火山岩喷发构成。随着流纹岩的侵入，后来由于岩浆的活动，经过火山热液作用使原来的母岩蚀变，形成长2500余米，宽300~800米的蚀变带，围岩蚀变成矿热液交代可分为三期，成矿前的广泛围岩蚀变，成矿期的热液蚀变交代，成矿晚期的金属硫化物矿化作用。

（1）成矿前，矿区出露的流纹岩，均遭受不同程度的热液蚀变，热液来自火山岩的侵入体。主要蚀变类型有：硅化、高岭石化、叶蜡石化、明矾石化等。蚀变不均一，强弱差异大，变化残留体到处可见。这个时期的蚀变为叶蜡石矿脉生成，奠定了围岩条件和构造基础。所以，区内发现的巴林石矿脉均储存在高岭石化、叶蜡石化的流纹岩中，随着深度的蚀变逐渐减弱。

（2）成矿期的围岩蚀变，范围较小，仅限于巴林石矿脉周围。该矿脉向两侧水平分带为高岭石化—强明矾石化—强硅化—硅化流纹岩，蚀变由强至弱。目前，矿区以及工业和工艺用的巴林石都属于成矿前的部位。在岩浆与围岩蚀变交换

过程中，围岩内的矿物副成分受影响而分解渗染，形成叶蜡石的各种颜色，或呈层纹、块状，或呈环状、斑点状等，构成叶蜡石美丽斑斓的色彩与品种。叶蜡石矿物形成时，与之同时形成的还有其他矿物，如水铝石、绢云母、石英等。当原岩交代不完全时，还会残留火山岩。这些属于杂质的矿物的多少，决定了叶蜡石质地的纯洁度，造成石质的优劣不同。蚀变后期，矿体化学成分均有明显的改变。由于热液作用和其他一些化学交代作用，矿体中的钾、钠、钙、镁等活泼的元素大量游失，而遗留下来的则是较为稳定的元素铝、硅等，形成了含水铝硅酸盐矿，即叶蜡石。

（3）在成矿晚期，一些硫化物和其他矿物质沿叶蜡石裂隙贯穿，或斑布、浸染，因而扩大了叶蜡石的品种。例如：鸡血石就是汞元素侵入叶蜡石矿体造成的，水草花是锰元素侵入叶蜡石矿体造成的，而黄铁矿则使巴林石中出现了"鬼脸青"品种，此石质粗石顽，竟得诨号"黑毛驴"。不过，这个时期对于叶蜡石矿体的范围、位置、蚀变程度，已无大的改变了，只是造成一些小的局部的元素变化。

从矿物的化学成分而言，蚀变后围岩化学成分均有明显改变，三氧化二铝、二氧化硅相对减少。从矿物的自身硬度而言，在蚀变带内，由于二氧化硅的含量相对来讲较高，三氧化二铝含量则相对较低，硬度较大，适用于工艺雕刻。

巴林石属硬质高岭石一说系《中国宝石和玉石》一书中所阐述，书中认为寿山石和青田石是以叶蜡石为主要矿物组成，巴林石则不然，其组成矿物主要成分是高岭石，其次才是少量的叶蜡石和明矾石。李海负在1987年用差热分析和化学分析已经证实了这一点，寿山石和青田石化学

巴林石

鉴赏与投资

Balinshi Jianshang Yu Touzi

成分中二氧化硅为62.71%～66.13%，三氧化二铝为26.94%～29.18%，接近于叶蜡石的理论成分，而巴林石富含铝，低含硅，含二氧化硅44.44%～45.87%，含三氧化二铝38.81%～39.82%。

地质学家江绍英和赵晋南于1990年5月8～13日至巴林石矿考察，他们的观点是，本矿区无叶蜡石，作为雕刻之用的为硬质高岭石，因含有石英，所以硬度较大，硬质高岭石的结晶较好，其化学成分低于25%，氧化钾和氧化铁的含量均较高。另外，从物理分析烧失量来讲，烧失量一般大于10%，而叶蜡石的烧失量小于10%，因此他们认为是高岭石。

专家们系统地采样14种，进行X光衍射物相分析及化学分析，现将分析结果综述如下：

27‐1 样品中为高岭石（约60%）＋石英（约40%）

27‐2 样品中为明矾石（约40%）＋高岭石（约22%）＋石英（约28%）

27‐3 样品中为高岭石（约74%）＋石英（约23%）

29‐1 样品中为高岭石（约75%）＋石英（约15%）＋明矾石（约10%）

33‐1 样品中为高岭石（约25%）＋石英（约70%）＋明矾石（约5%）

36‐1 样品中为石英（约60%）＋高岭石（约35%）＋明矾石（约5%）

36‐2 样品中为高岭石（约60%）＋明矾石（约25%）＋石英（约15%）

36‐3 样品中为高岭石（约50%）＋石英（约45%）＋明矾石（约5%）

36‐4 样品中为明矾石（约55%）＋石英（约35%）＋高岭石（约5%）

四采区‐1 样品中为高岭石（约65%）＋石英（约30%）＋明矾石（约5%）

四采区‐2 样品中为高岭石（约75%）＋石英（约20%）＋明矾石（约5%）

五采区‐1 样品中为石英（约65%）＋高岭石（约25%）＋明矾石（约5%）

五采区‐2 样品中为石英（约75%）＋高岭石（约25%）

综上所述，巴林石属硬质高岭石一说是正确的，已被科学手段所证明。而巴林石属叶蜡石一说，是从外观上而得出的一种结论。

高岭石大多为复杂形态的脉状，或块状，或透镜状，倾角平缓。这种现象在寿山、青田等地区表现得十分典型。但是，巴林石矿的矿脉岩体则是几乎垂直于地面的，近似于90°角的状态，几乎没有水平状态的矿体。这一视角完全不同于其他印材石的产状。根据局部野外资料结合航空照片分析，地质部门做出了如下确定：雅玛吐山附近地区存在着这样一个构造应力场——北东东向为压性，北北西向为张性，北北东向和北西西向为扭性。巴林石矿区明显受裂隙控制的矿脉大多产于北北

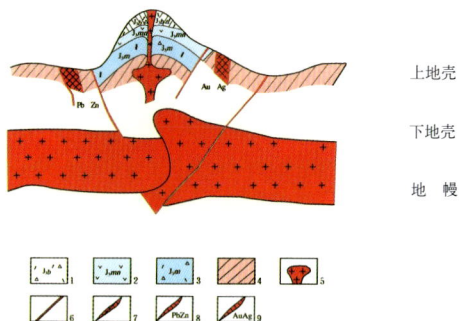

▲ 巴林石矿成矿模型

1、白音高老旋回流纹质凝灰岩 6、断裂
2、玛尼吐旋回英安质火山岩   7、巴林石矿脉
3、满克鄂博旋回流纹质火山岩 8、新矿脉
4、前侏罗纪基底   9、金银矿脉
5、壳源重溶花岗岩

西张性裂隙中。巴林石矿的构造不同于我国其他地区的叶蜡石矿，其根本原因可能是由于成矿后地壳的抬升扭曲，使得水平状态渐变或骤变为垂直状态。当然，此论点还有待继续考证。

2. 矿床的地质特征

巴林石矿床有以下几个特点：

（1）矿脉全部储存在含矿蚀变带中，其围岩为高岭石化流纹岩。

（2）严格受断裂、裂隙控制，分段集中，密集成组，平行排列。

（3）成矿方式以交代为主，持续时间较长，期次多。

矿脉形态复杂多样，呈似脉状、较连续的透镜状、豆荚状、窝巢状产出。矿脉厚度、矿石质量变化均较大。膨胀、收缩、尖灭再现或侧现普遍。在平面、剖面上相互平行或侧列，矿脉密集含脉有分支复合现象。

鸡血石是隐晶质长砂细脉沿裂隙贯穿或斑布、浸染于巴林石中，色鲜犹如鸡血，质地纯正，可作为商品。鸡血石均分布于巴林石矿的局部地段，呈不规则的斑团、窝巢状产出，以储存于矿脉底板者多见，形状不规则，产出没有规律，或者是突然出现，或者是骤然尖灭，辰砂与鸡血石存在着渊源关系。

3. 巴林石矿物成分和化学成分

（1）矿物成分

矿石矿物成分比较简单，据镜下观察主要有：高岭石、叶蜡石、明矾石等，其次含微量绢云母、赤铁矿、褐铁矿、黄铁矿、绿帘石、锆石、辰砂等。高岭石、叶蜡石显隐晶结构，显微鳞片状结构和纤维状鳞片结构。

（2）化学成分

巴林石的化学成分，主要含硅和铝，只是比例有所不同，巴林石中硅的含量一般在$40\% \sim 60\%$，铝的含量在$30\% \sim 40\%$，除这两种元素之外，还含有少量的钙、镁、硫、钾、钠、锰、铁、钛等元素。由于这些元素的存在和比例上的变化，造就了叶蜡石丰富的色彩。如含铁元素多的石料就呈紫、红色，含铝元素多的石料就呈灰、白色。其中起决定作用的是三氧化二铁（Fe_2O_3）、氧化镁（MgO）、一氧化二钾（K_2O）等。巴林石的硬度为摩氏$2 \sim 2.5$，单斜晶系，晶体细微，呈隐晶质致密块状体，比重$2.65 \sim 2.90$，断口贝壳状光泽。含矿蚀变围岩以富含三氧化二铝为特征，矿石化学成分则更无例外，据统计，三氧化二铝含量均在30%以上，最高可达40%，烧失量大于11%。

▲ 女儿红原石（巴林冻石）
规格：4.5×8×12厘米

第二章
巴林石历史文化

一　巴林石的开采历史

　　内蒙古巴林右旗的雅玛吐山因为出产珍贵的巴林鸡血石、巴林冻石及多色巴林石而享誉海内外，同时这里还生产各种工业用的叶蜡石、高岭石、天然水银、医用辰砂、墨玉等，是一个不折不扣的风水宝地。当地人有祖辈传下来的一句顺口溜："房子盖三间，立起玉石杆。"这大概就是过去人们希望能在山上盖几间房，开采这珍贵的彩石，并竖立大旗，在此掘宝发家，光耀门庭。现在人讲，巴林右旗的右字就是"石"字出头，因而，开采巴林石也一定能出人头地。

　　巴林石究竟从何时最早被发现和使用，其说不一。有人曾经在锦山灵悦寺发现一石佛，疑为巴林石最早制品，此佛高14厘米，宽7厘米，厚4.5厘米。从石质看，属巴林石中的黏性料，原石应为玫瑰色，现颜色已经褪尽，石中有1/3为杂质，因属庙产，多年供奉，具体资料已无从查起。其雕刻技法，脸部雍容富态，线条流畅，服饰绝非近代佛像之服饰形

▲　人像（红山文化时期）
规格：1.8×1.5×5.5厘米

▲ 乳白石玉玦
红山文化时期的出土文物，古人作为装饰品，现收藏于巴林右旗博物馆

状，佛像外观上似观音又似度母，从手法上看，此佛应为唐宋时期制作。

巴林石的开发时间虽然较晚，但其发现和利用却可以追溯到800年前（我国元朝建立之前即有文字记载）。最初人们只是用它制作生活工艺品，如石碗、石臼等。相传，在成吉思汗统一蒙古各部落后举行的盛大的庆功宴上，其属下曾向他奉献了一个由巴林石雕制成的石碗。这石碗质地晶莹，颜色艳丽，做工也很精美。成吉思汗大悦，不禁赞道："腾格里朝鲁！"（蒙语，天赐之石的意思）从此，巴林石的美称——"天赐之石"便流传下来。那个时期连年征战，将士死伤很多，补编或更换官职需要用印，而铜印制造不方便，用巴林石制印则是可能的。在多尔衮的属地发现了两方巴林石印章，浮雕无钮，也无刨光，锯口也很清楚，一方刻着"世守漠南"，另一方刻着"喀喇沁王之宝"。一个是小篆，一个是隶书。

到清朝前后，当地人便不断地对巴林石进行小规模开采。石料上的色彩和自然形成的花纹图案，引起了手工艺人的重视，艺人们制作出各种精美的工艺品。在沙巴尔台，有个名叫德力格尔的老艺人，将其精心雕刻的石碗献给了大巴林第

四代扎萨克乌尔衮，乌尔衮又将石碗献给了康熙皇帝。康熙龙颜大悦，对巴林石赞不绝口。从此以后，巴林王每次进京朝觐，都要带大量的巴林原石及其制品，作为贡品。

民国时期，日本侵略者觊觎我国的巴林石资源，曾抓劳工进行开采，行动诡秘，

▲ 巴林彩石《石佛》
清代时期的文物，现收藏于巴林右旗博物馆

▲ 秦汉时期用巴林彩石制作的石魁
夏家店文化，现收藏于赤峰市敖汉旗博物馆

▲ 元代巴林石碗
规格：12×9厘米

◀ 巴林黄花彩石雕的石狮
清代文物，现收藏于巴林右旗博物馆

管制森严，劳工也不懂开采为何物。鸡血石矿物、鸡血石矿脉和彩石矿脉都被日本人开采过。后将巴林原石加工成图章、墨盒之类，运往日本。日本人当时称巴林石为"蒙古石"。当时的采矿遗址今天依然可见，位置在雅玛吐山东峰西侧。

据《大巴林蒙古情况调查》记载，当时大巴林旗公署将巴林石作为唯一的土特产，并决定建立机构，公布兴安省矿业法令，对巴林石矿的开采进行管理。但由于战乱和政治腐败，通告随着伪满政权倒台而未能实施。

中华人民共和国成立后，由于国内外种种原因，巴林石仍未能尽快得到开发利用。在20世纪70年代，地质部门去考察，发现遗留有多处采坑，坑深不大，规模很小，群众传说过去曾有南方人用骆驼运走过这种石料。1973年巴林右旗筹备开矿时，发现一个采洞内有点灯用的油碗，一只陈旧的鹿角，一把不是当地人所用的刀子，还有一个粗雕成型的佛像，可惜当时的矿工们不懂其珍贵和价值，全都扔掉了。这些现象表明，过去确有懂行的南方人前来开采，并采走了一部分巴林石。

同年，辽宁省区调工队在雅玛吐山区进行1：200000地质测量时，初次作为矿点正式探查，1975年辽宁省第二地质大队对其进行地质普查，施工探槽2000立方米，并编写地质调查报告。1974年到1975年，辽宁省第一轻工业局来此做陶瓷原料调查，但以上这些地质工作重视程度不够，投入工作量小，只查明有一定数量的工艺用石材，确定为小型矿床。未能查清区内地表出露的较大矿脉，未能发现"鸡血石"，也没有对日后的采矿工作提出关键性的建议。

随着中国陆续与许多国家建交，国际贸易往来逐渐增多，工艺品的出口供不应求，于是，中国工艺美术公司、辽宁省工艺美术公司相继投资，在巴林右旗筹建矿部的基础上，加大了开采力度。经过各个方面的努力，矿山具备了一定的生产能力，解决了工艺用品叶蜡石原料急需的矛盾，也为其他工艺美术雕刻公司提供了丰富的巴林石原料，建立了频繁的购销关系。

巴林石建矿初期，条件十分艰苦，照明用油灯，吃水靠牛车拉运，住的是地窖，烧的是牛粪，用的是最简单和最原始的工具。由于条件的艰苦，矿领导不断更替，直到时景佳、姚昆、赵连德赴任之后，才认准了这块宝地。后来，经过15年的艰辛努力，克服了重重困难，形成了初步比较系统的开矿局面，为后来的计划开采铺平了道路。此后，巴林石矿的开采主要按国家相关监管部门的控制开采指标进行季节性生产，并且已经建成了一座初具规模，农林牧副全面发展的矿区，所产石材和巴林石工艺品已销往世界各地。

巴林石自开采以来就开始加工图章与石雕工艺品，并在市场上销售。但销售状况并无寿山石和昌化石那样走俏，身价也不高。由于其性状和寿山

▲　巴林石矿洞

石大致相当，化学成分也比较类似，所以曾出现了以巴林石之材充当其他名石之貌的混乱局面。但巴林石却因此名声远扬，并得到人们的认可和青睐。

▲ 人头像（红山文化时期）
规格：3×3×4.5厘米

▲ 鸮（红山文化时期）
规格：3×1.5×3厘米

▲ 巴林彩石纺瓜
红山文化时期的文物，现收藏于巴林右旗博物馆

▲ 巴林牙白石玉蚕
古人的随葬品，为红山文化时期的文物，现收藏于巴林右旗博物馆

▲ 人面形石佩饰（巴林鸡血石）

▲ 巴林红花石把杯

夏商周时期的巴林红花石把杯，为夏家店文化
遗存，现收藏于赤峰市敖汉旗博物馆

▲ 巴林石辽代叶坠

规格：1.8 × 0.2 × 3.8 厘米

▲ 巴林石辽代凤首

规格：3.5 × 0.5 × 2.5 厘米

▲ 元朝时出产的石杯和石碗

巴林彩石制作，现收藏于巴林右旗博物馆

▲ 巴林红花石玉兔
辽代时期的饰件，现收藏于巴林右旗博物馆

▲ 巴林福黄石印
文人石印之祖。此辽代印章是巴林福黄冻石所制

▲ 巴林福黄冻石
　　1975 年在辽上京汉城出土了 18 枚各种型制的印章，其中包括汉王印、图像印以及花押印等。此图是其中的寺院印两枚，材质为巴林福黄冻石。这充分说明辽代上层统治贵族已经用巴林石雕制印章

▲ 辽代印章
规格：2.2 × 22 × 5 厘米

巴林石以其产量大，物美、价廉的优势，开采不到10年，几乎占领了全国所有的印章市场。据载："巴林石矿开采的方式有竖井、斜井和露天开放式，目前正在开采的矿脉有20余处……鸡血石脉鲜艳无比，储量也大，开采面极为壮观。"巴林石的品种繁多，优劣悬殊，销售价格当然也就差别很大。在巴林石中，鸡血红石售价最高，若遇到极好的"跑窝"石料，则以单块估价销售。这样，除了大量批发形式销售外，石商常以高档巴林石顶替寿山石、昌化石出售，自然可获大利，而用户也因以较低的价格购买到想像中的"鸡血石"或"都成坑石"而欣慰。这种状况的有增无减，致使巴林石精品始终充当着"替身"。

二　巴林石的文化传说

巴林石是我国诸多观赏石中的一个重要的组成部分，以其特有的质地，艳丽的图纹，凝重的冻感成为观赏石中的佼佼者。巴林石成矿时期距今已有一亿多年，而它真正走出大兴安岭山脉，向人们展示靓丽的风采只有30多年。

藏石家张源说："艺术不能脱离时代感情。"通过玩赏巴林石，研究巴林石，多方位，多角度，多领域地追求、探索、发掘、吸收、领悟多门学科的营养，才能使巴林石这一工艺新蕾开放，万紫千红。

盛产巴林石的山脉蒙语叫做雅玛吐山，译成汉语就是黄羊滩山，当地群众则称为蛇山和化石山。老人讲：山有异宝，所以有怪异动物当守护神，另外，风水极好，不然哪会有宝。在当地传诵着一些有关石头的故事。

1. 公鸡长鸣一声天下白

相传远古时代，羿射九日后，剩下一个太阳藏了起来。世间一片漆黑，民不聊生。太阳神炎帝为了把光明和温暖送给人间，每天用金鸡驾金车，赶着太阳从东到西，昼夜不断地奔跑，地上的万物才得以正常地生活。

天长日久，太阳不再胆怯，而炎帝也倦怠了。于是炎帝想了一个办法。他把一只金鸡蛋交给巴林草原上的鸡公和鸡婆孵化，让金鸡一代一代永留在人间。这样每日早上金鸡就早早起来打鸣，就可以呼唤太阳升空，提醒人们起来耕作了。炎帝又辛苦了20天，眼看小鸡再有一天就要破壳，他却因为劳累而睡着了。

有一个妖魔，专门喜欢在黑暗中为患人间，它最怕的就是阳光，听说炎帝要让金鸡报晓，心怀忌恨。它想：只要设法干掉金鸡蛋，炎帝在天上睡上一日，世上已是千年。这千年的黑暗就成了自己的天下了，真乃天赐良机！妖魔主意一定，立即扑向草原，哪知鸡公、鸡婆担此重任，唯恐有失，早把孵化地点安排在山上一个隐密的地方。妖魔到了草原苦苦搜寻，始终没找到鸡蛋。鸡公担心妖魔迟早会找到孵化地点，勇敢地只身引诱妖魔。妖魔以为只要跟踪鸡公，就不愁找不到金鸡蛋。当鸡公越去越远时，妖魔才知道中计了，恶狠狠地扑向鸡公。鸡公展翅就飞，从北到南，在一座山上与妖魔展开了殊死搏斗，没几个回合，便惨死在妖魔的魔爪之下。妖魔返回巴林草原，知道小鸡破壳的时辰快到了，就迫不及待地从口中放出妖火，一处处地焚烧，妄图焚毁金鸡蛋。鸡婆为了阻挡妖魔，奋不顾身冲了出来，没多久也惨死在妖魔的魔爪之下。

恰在此时，由于火烤的热量代替了鸡婆的体温，加之21天期满，小鸡终于破壳而出，而且见风就长，一下子变成了一只气宇轩昂的大公鸡，引颈一声长鸣，唤出了太阳，震死了妖魔。

妖魔被除掉了，鸡公鸡婆却双双遇难。在它们殉难的地方，鲜红的鸡血染红了大山岩石，绚丽夺目。人们为了感谢鸡公和鸡婆，也感谢它们把光明奉献给人间万物，就把这里的岩石称作"鸡血石"，并把鸡血石当作珍贵的宝石，竞相收藏。民间风俗中，凡在大举起事时，盟重誓，就喝鸡血酒，或许也源于此吧。

2. 巴林王劈石出水救军命

清初，沙俄侵边，皇帝命北疆的巴林王邀约上朝格敦王爷，一同塞外御敌。

益和漫罕地区遍布流沙，绵延千里，寸草不生，巴林王和朝格敦王爷昼夜向边防行进，当时正值六月天气，赤日炎炎，像火一样炙烤着一望无际的沙漠。阳光愈来愈毒，沙子也愈来愈热，人脚不能踩沙，张嘴不敢吸气。

两支队伍在沙窝里走了两天，所带之水全部喝干，眼见着就要因为缺水而全军覆没。巴林王和朝格敦王爷也渴得头晕目眩，朝格敦王爷说："巴林王，听说你有一口宝刀，能劈石出水，你就救救大家吧！"

巴林王苦笑一下，叹口气说："这是人们的传说，有人要害我，就说我们有个宝贝，如果真能劈石出水就好了。"

但是，他们看到兵士们期待和渴望的目光，明知是不可能的事情，还是举起刀来把一条石脉劈了，没想到手起刀落，那石头真的喷出水了。

据后人传说，原本这里是没有水的，因为看到御边的兵将缺水受累历尽了煎熬，躺在地下的查干和赛罕，不能这样眼睁睁地看着自己的亲人因缺水而全军覆没，于是显灵，将地下之水吸在石上，当巴林王的宝刀劈向石脉时，神水奔涌而

▲ 辽代瓷碎片和巴林彩石块

出，如天降甘露，救了全军将士的性命。

3. 格斯尔射石除魔变美石

很久很久以前，主管巴林草原的王汗名叫格斯尔，他拔山填海，力大无穷，人们都称其为大力士王汗。

有一年，草原上不知从哪里钻出来一个凶恶的十二个脑袋妖怪，这个妖怪的名字叫芒古斯。它祸害牧场，伤害牛羊，给草原带来了巨大的灾难。牧民们恨透了这个十恶不赦的妖怪，但又无能力降服它，只得任其肆虐。

格斯尔大汗也恨透了这个十二个脑袋妖怪，决定要把它除掉，还牧民一个安居乐业的太平盛世。于是他全身披挂，携刀带箭同芒古斯在巴林草原上大战。当他们大战七七四十九天时，芒古斯渐渐体力不支，打败逃跑了。格斯尔大汗也不追赶，因为他也觉得肚子饿了，于是搬来三块大石头，在草原上支起火锅来做饭吃。

谁知刚支上锅，饭还未熟，芒古斯又出现了，它趁机飞过西拉沐沦河，施用妖法，将天空变暗，地面上顿时伸手不见五指，它想采取突然袭击的策略使格斯尔瞬间死于非命。

哪知格斯尔大汗看得真切，灵机一动，计上心来，待芒古斯快到自己身边时，一下子把锅和三大块滚烫的石头推了下去，芒古斯十二个脑袋立刻被烫掉了六个。它忍着疼痛就地打了个滚儿，逃掉了。

为了彻底消灭十二个脑袋妖怪，格斯尔大汗顾不上喝水和吃饭，他横刀跨马并携带弓箭追赶妖魔。两方从地上战到空中，又从空中战到地上，只杀得天昏地暗，飞沙走石。芒古斯被烫掉的六个头疼痛难忍，魔法减弱，格斯尔大汗却越战越勇。渐渐地芒古斯败下阵去，虚晃一招转身逃走。

眼瞅着它翻过一座高山就要销声匿迹了，格斯尔大汗看得真切，立即取出了弓箭，弯弓满月，振臂飞矢，向芒古斯射去。那一箭直穿前面大山山脊，一声巨响，山脊被射落一块巨石，这石有三间房子大小，又砸掉了芒古斯五个脑袋，芒古斯惨叫着赶忙逃走，从此再也不敢祸害这一带草原上的牧民了。

巨石落地砸出无数泉眼，绕石一周清清流去。石头为降妖除魔立下了大功，当地人们称这石为"幸福吉祥之石"，也就是现在的"巴林石"。

中 篇

巴林石品类

第一章

巴林石传统分类

巴林石因产于内蒙古赤峰市巴林右旗而得名。巴林石属天然彩石品种之一，其色彩丰富，品种繁多，是中国著名的四大印材石和中国候选国石之一。属含水的铝硅酸盐类矿物，是以高岭石、地开石为主的多种矿物组成的黏土岩，其主要成分为三氧化二铝和二氧化硅，其次含微量铁、锰、钛等氧化物，部分含较多的汞的硫化物，摩氏硬度为2~4，密度为2.4~2.7。

巴林石的品种分类，传统上是依据颜色、质地、纹理和结构而确定的。按不同色泽分为巴林鸡血石、巴林冻石、巴林彩石、巴林福黄石4大类和上百个品种。在正式确定巴林石分类之前，首先要对巴林石品种名称进行一次整理，使其统一，以利于生产和流通。整理的原则是，在其矿山原有的命名基础上，结合北京及北方其他地区对巴林石的称呼，加以比较提炼。这样，其全部品种名称的由来，便可归纳为3个方向：

（1）借用语。主要来自福建福州寿山石的名称，如"芙蓉冻"、"瓜瓢红"等，这是由于巴林石的某些品种同寿山石的这些品种极相似的缘故。

（2）根据颜色形象命名。如"桃花冻"、"水草冻"等，这多是巴林石矿的工作人员在长期实践中总结出来的。有些名称如"桃花冻"，虽然与寿山石的品种名称相同，但内涵上却有很大区别：巴林石是根据它那淡淡的粉红，晶莹欲滴的质感，有如春天里的桃花而命名的；而寿山石的桃花冻，则是在白色透明的地子里有米粒大小的鲜红颗粒，形如无数朵鲜艳桃花竞相开放一般而得名。这一点应加以注意。

▲ 巴林彩石自然形印石

▲ 巴林彩石自然形印石

▲ 巴林彩石组章

（3）约定俗成。有些品种从一产出就有了名称，如"红花石"、"黄花石"等，虽然名称比较朴素平白，但基本准确，且自然顺口，习惯了，便不再改动；而对一些有伤大雅的名称，则做了必要的更改，如将"黑毛驴"改为"鬼脸青"。

巴林石开发时间不长，因而研究巴林石的人还不多，有关专著也很少，现在我们所知道的主要有胡福巨所著《巴林石志》和夏法起撰写的《青田石全书》。《巴

▲ 鸡血王方章

▲ 巴林鸡血石赤壁红原石

林石志》一书中将巴林石分为鸡血石类、冻石类及彩石类3大类。夏法起根据《巴林石志》的分类标准在其书中将巴林石名称作了简明整理，并在名称前冠以"巴林"两字。事实上，冠以"巴林"两字是较为客观的。如鸡血石，昌化、巴林均出产，冠以地名，就便于区分了。

一 巴林鸡血石

巴林鸡血石主要特征是含有汞化物，使得颜色如同鸡血而得名。石地冻透，血色鲜艳，相映成趣，可谓中国独有的稀世之宝，有"一寸鸡血一寸金"、"危难之时舍黄金守鸡血"之说。该石主要产于矿区西部1号矿脉组内。

巴林鸡血石的质地多为透明或半透明，以质地特征分类，有黄冻、黑冻、羊脂冻、灰冻等。巴林鸡血石颜色分为鲜红、朱红、暗红、橘红等。血形呈片状、块状、条带状、星点状分布于石中。在巴林鸡血石的种类中，其共性是含有硫化汞使得石头不同层次地呈现红色。按颜色以"红"命名，有夕阳红、翡翠红、彩霞红、牡丹红、芙蓉红、金银红、水草红、彩练红、三彩红、白玉红、鱼子红、金橘红、龙血红等。

巴林鸡血石血的艳度、血的状态和质地的透明度，是评价鸡血石质量的三个重要要素。鸡血的颜色应为纯正的鲜红色。颜色偏粉则为嫩，偏紫则为老，当红色的鸡血表面出现黑色闪光的金属光泽时，是汞元素在空气中氧化的缘故。鸡血分布的状态以条带状为佳，片状次之，散点状又次之。鸡血所覆盖的面积越大，价值就越高。如果出现自上而下弯曲流动状态的鸡

血，就是难得的珍品。一般多为收藏观赏之用，用于雕刻治印者绝少。

1. 黄 冻

黄冻即巴林黄。在黄色巴林石上生有红汞石，以色纯不杂，红而不淡者为佳，但往往在黄地上杂有斑纹，红色血上又加以白色或粉红色，没有纯黄或纯红。此种冻石为冻石家族中的佼佼者，尤其是

▲ 上 大红袍原石
▲ 中 鸡血原石
重量：150千克　估价：360万元
▲ 下 巴林白玉冻鸡血石组章

▲ 鸡血王原石

不甚透明的鸡油黄色的地子，配以纯正鲜艳的鸡血，极为醒目，是难得的珍品。

2. 黑冻

黑冻即牛角冻，此品种也是难得之珍品。如牛角色，黑非纯黑，以地色纯、

▲ 巴林彩石金银红

规格：36 × 25 × 7 厘米

▲ 鸡血王自然形

规格：11.5 × 5.5 × 19 厘米　估价：200 万元

血色红正凝聚者为佳。地色黑灰者，亦有较浅颜色，或纯净无瑕，或带纹理。在黑灰色的地子衬托下越显深沉热烈，地子的颜色越深越纯净就越能与血红色形成对比。杂以别色者与血散者都不可取。

3. 羊脂冻

羊脂冻玉肌凝脂，自是冻石中上品。在极鲜嫩的地子上若有鲜艳的鸡血，红白相映，皓齿朱唇，自然十分宜人。如果地子和血色均属中上之选，即为难得之珍品。以血多、纹路自然流动者为佳，往往红白分明者不易得，总是杂以它色不能尽如人意。

4. 刘关张

此品种应有红黑黄或红黑白 3 种颜色。红是鸡血，黑是牛角冻，黄是巴林黄，白是羊脂冻。石质细腻，色彩对比强烈，为鸡血石中上品。其间不能有其他杂色，各色所占面积比例也不能十分悬殊。如完全符合以上情形，就是极难得的珍品了。现有人将具备此 3 色（红非鸡血）的石材称为刘关张，虽无不可，但总有砖玉之嫌。刘关张的名称巧借了中国历史上 3 个著名人物的特征，刘备（黄白）、关羽（红）、张飞（黑），三色结合在一起，寓意同生共死的友谊。此石极为难得，万不选一，是巴林鸡血石中的极品。

5. 灰冻

此品种近似昌化鸡血石中的瓦灰地品种，地子呈明亮的淡灰色，不透明至微透明，无杂色及条纹，血色纯正且多者为上品。地色艳者较少见，色浅或有白色条纹的中下品则多见。

▲ 巴林鸡血王彩霞红原石　　▲ 三彩刘关张鸡血石　　▲ 火鸡红自然形
规格：47×13×16厘米　　　　　　　　　　　　　规格：25×18×8厘米　　估价：280万元

6. 花生糕冻

花生糕冻体中有黄色和白色块斑，如同花生糕，极富情趣。优劣以地子的块斑边缘整齐、特征明显程度，以及血色艳度来区分。这种花生糕现象在昌化石中非常普遍，而在巴林石中则不多见，所以也是难得的品种。

7. 芙蓉冻

芙蓉冻呈粉色，微透明至半透明，温润晶莹。该品种是以黄白色为主体，上面又分布着由淡到重的粉红色血。此品种地色虽然与鸡血红色反差较小，但由于芙蓉冻本身就很珍贵，因此，仍不失为珍贵品种。其色彩鲜明艳丽，色调柔和凝重，显现出芙蓉映月的景色。该品种于1979年在一采区2号、3号和10号采坑产出，今亦常有产出，其构成中的粉红色是地开石

▲ 巴林鸡血石

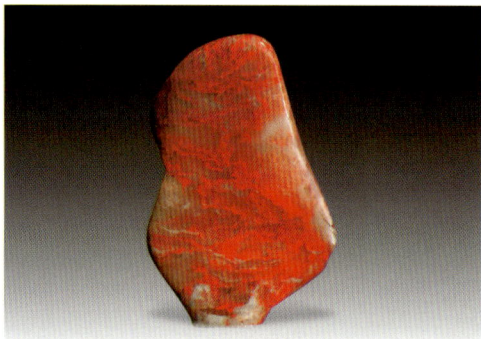

▲ 芙蓉红自然形
规格：38×21×11厘米　　估价：18万元

中均匀地分布着的细小赤铁颗粒所致，此石属于绵料，容易保存，目前市场上参考价为每千克在4～6万元，上品价格还要高出十几倍。

8. 瓷白鸡血石

此石质地细洁、白如瓷器并在瓷白的地子上含有鸡血。地子白而干且不透明，与鸡血红色对比虽然鲜明，但整体感觉呆滞，干燥艰涩，缺少灵性，品质一般，属于鸡血石中的下品。

9. 紫鸡血石

紫鸡血石是近年来开采的巴林鸡血石中的新品种，其鸡血部分由黑辰砂组成，故其色呈紫红，化学性质稳定，不易褪色，可与昌化鸡血石媲美。

10. 红花鸡血石

一种微透明至半透明，含淡红至深红鸡血，石质细腻光滑，具有洁白、白绿等杂色地子的鸡血石。鸡血的红色十分靠近，反差很小，形成"地子吃血"状态。

▲ 夕阳红自然形

估价：200 万元

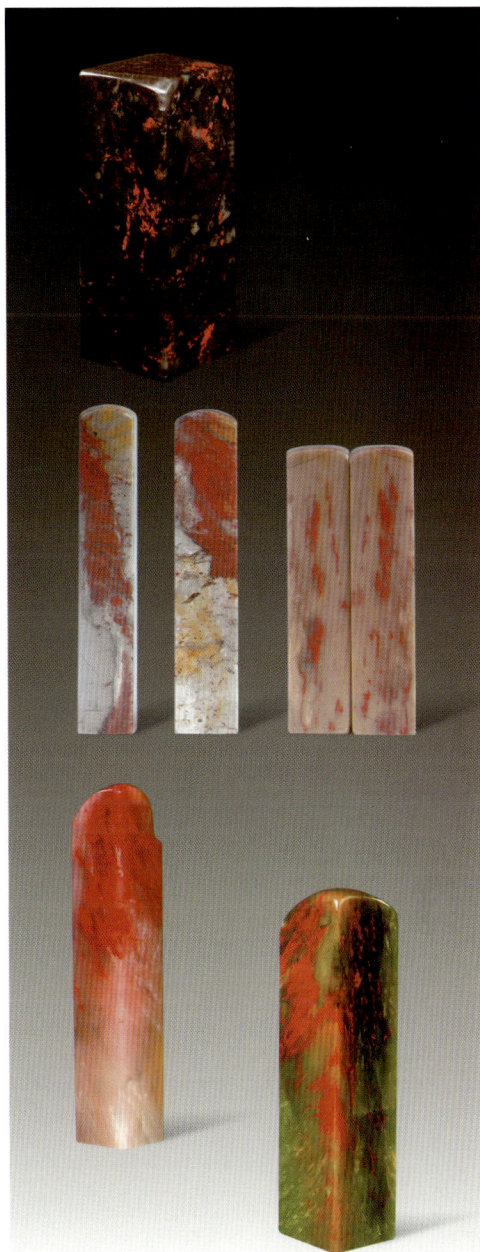

▲ （上）咖啡红方章

规格：6 × 6 × 13 厘米

估价：5 万元

▲ （中）鸡血石方章

▲ （下左）巴林鸡血石芙蓉红方章

规格：3 × 3 × 14 厘米

▲ （下右）翡翠红方章

规格：2.3 × 2.3 × 9 厘米   估价：15 万元

这种鸡血石与鸡血一起显得含混不清，该品种鸡血质量越好，越令人可惜。一般来说没有大的收藏价值。

11. 夕阳红

也称为血王，是巴林鸡血石中的绝品、珍贵品或王牌品。该石主体颜色为黑红相间的两种色彩。红色，红得鲜艳，红得绝妙，犹如夕阳；黑色，黑得凝重，黑得诱人，黑得协调，色如牛角。其光泽灿烂，明亮，给人一种耀眼夺目之感。质性温润、细腻、洁净、明透，富有生气和灵性。该品种最早于1994年在一采区10号采坑产出。同巴林鸡血王石同出一坑，总量不足一吨，以后再无产出。其构成是：黑色是锰、钛矿物；红色是辰砂。按条状、片状分布，具有粒状结构的特点，打磨后油质光泽，硬度为摩氏2.5度，属脆料。保护不好，容易出现裂纹。该品种在1997年大连国际花卉奇石展中获得唯一一个国际精品奖。目前市场参考价每两达到上万元。

12. 翡翠红

巴林鸡血石的罕见品、绝品。巴林石在色彩上十分丰富，不足的是缺蓝少绿。而该品种主体颜色是绿色，绿色中又分布着红色鸡血，绿扶红，红衬绿，相映生辉，似如绝妙的天然丹青画，世上稀少。其中绿色犹如翡翠，红色似火。其色彩鲜艳，色调协调，光泽柔和亮丽、晶莹，质性温润、细腻、净凝、冻感强，富有生机和灵性。该品种最早于1996年在一采区10号采坑产出。其绿色是混入绿帘石矿物而成。由于此品种现无产出，故已问世者被称为绝品。其价格也特别昂贵，无法参考。

▲ 大红袍自然形
规格：33 × 18 × 4.5 厘米　　估价：50 万元

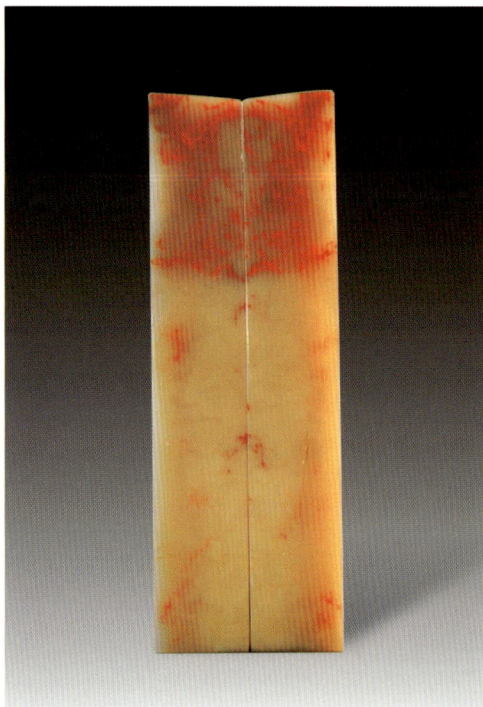

▲ 鸡油红对章
规格：3.5 × 3.5 × 13 厘米　　估价：12 万元

13. 鸡油红

巴林鸡血石中的极品。该石以巴林福黄石色彩为主体，血色呈条状或片状分布在石体中。其色彩鲜艳夺目，色调协调，红者红得饱暖，红得实在。黄者黄得温柔，黄得大度，犹如秋天金灿灿的稻谷，红艳艳的果实。其光泽华美，柔和闪亮而质性温润、细腻，犹如美少女的皮肤，具有生机和活力。巴林石中福黄石本身就是珍贵品种，而又有鸡血，显然更珍贵了。该品种于1981年在一采区3号和10号采坑伴随福黄石中产出，其构成因素与鸡油黄品种相同。红色鸡血是辰砂矿质浸入而成。石质为绵料，产量很少，市场上也不常见。目前市场上3×3×12厘米的一方上品章，参考价在35万元左右，弥足珍贵。

14. 大红袍

巴林鸡血石中最珍贵的品种。该品种通体红色，没有一丝杂色。血色能够达到占石体80%以上的都称大红袍。大红袍遍体血红，犹如红椒、红火、红云，红得耀眼夺目，美丽多姿。其光泽显豁，油亮，犹如镜面。质性温润、凝华、细腻。细观之，使人顿生温暖富有、事业红红火火之感。该品种于1982年在一采区2号和10号采坑产出，其产量极少，主要是大量的辰砂浸透了原始的矿体某部分，又受当时环境的限制而形成。在2000年时，一枚3.5×3.5×13厘米的印章在市场上以28万元成交，当时轰动了整个巴林石界人士，目前估价百万元也不算高。

▲ 彩霞红原石

规格：30×18×5厘米　估价：420万元

▲ 牡丹红自然形

规格：8×5×2.4 厘米

估价：5 万元

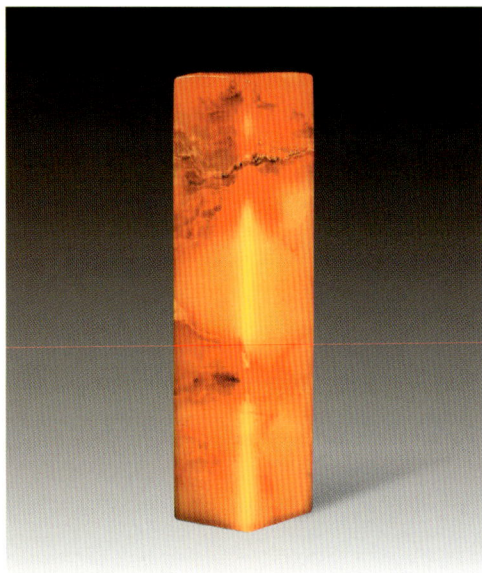

▲ 福黄石方章

估价：80～100 万元

此品为极品

15．彩霞红

巴林鸡血石中名贵品种。该品种的主体为黄色、白色和黑色，血色呈片状或条状分布于石体中。一般来说，石面主体色调由两种颜色构成：一种必须是血色，另一种通常是黄色。该品种光泽闪亮，华丽，质性温润、细腻，像傍晚的彩霞一样美丽迷人。于1979年一采区3号和10号采坑产出。其构成中的红色为辰砂浸染所成，黄色为褐铁矿质所致。此品种产量相当低，市面上比较少见，所以十分珍贵，市场价格不菲。

16．牡丹红

巴林鸡血石中又一奇特而珍贵的品种。该品种以粉红色透明的色彩为主体，且又与布满的片状鸡血融为一体，使整个石体展现出雍容华贵、富丽堂皇的神韵。其色彩鲜艳夺目，色调明快一致，犹如盛开的牡丹花。光泽油亮洁

明，犹如盏盏红灯。质性温润细腻，莹华柔和，犹如童肤，富有灵气。该石于2000年在一采区10号坑中发现，没有成规模的产出，只是偶而有之。其构成是赤铁矿的微粒聚集和辰砂的浸入。目前市场上很难见到，其价格特别昂贵，无法估价。

17．福黄红

也是巴林鸡血石中的珍贵品种。该品种以黄色为主，石面中又分布着条状的鸡血，宛如晚秋的夕阳，洒落在金灿灿的草原上，展现出秋天傍晚时的迷人景色。此石色彩明快鲜艳，色调协调一致，色泽明亮华贵，质性温润、细腻、净透，富有灵气和神韵。该品种于1980年在一采区1号坑产出，产量不高，石性以绵料为主，少有脆料。主要是地开石、水铝石和辰砂通过矿化反应而形成的。由于产量低市场上少

见，其价格也非常昂贵。目前论价一方3.5×3.5×12厘米的上品方章市场参考价35万元上下，由此可知其珍贵程度。

18．水草红

巴林鸡血石中的奇特品种。此品种较为少见，以白色、浅黄色或粉色等地子为主体，生长出一束束天然的红草或黑草，临风飘摇，可谓奇观。该品种色彩鲜艳醒目，色调美观，色泽明透彩亮，质性凝重、细腻，富有灵性。整个画面观之，使人如同在晴空万里的傍晚，身临湖旁面对那种动人心弦的湖光天色。若是地佳，水草花鲜明生动，血色艳而分布匀称，则更为罕见。这既是鸡血石品种中的佳品，又是观赏美石之佳品。该品种最早于1986年在一采区10号采坑中产出。其形成是在矿体中冷热环境的作用下，产生一些天然石花（如冬天的窗棂花），然后在一些铁

锰等有机质的后期构造作用下，使其闭合一体中留下羽状裂隙，充填了辰砂形成血草，充填了铁、锰等元素，形成红草、黑草等。目前产量很少，一般都混杂在其他原石中，不仔细观察很难发现。只有行家凭石体外露的厚度2～3微米丝丝线纹来判断。品种非常奇特珍贵，其市场价格也非常昂贵。

19．金银红

巴林鸡血石中的名贵品种。该品种在白色和黄色的地子上衬托出鲜红的血色，使红、黄、白三色相结合。红色显得红火，富有生机；黄色显得富贵，富有灵性；白色显得纯洁，富有高雅之感。该品种色彩鲜明艳丽，色调协调，色泽油亮明净，质性温腻、莹华、柔润。最早于1974年在一采区3号、10号采坑采出。其构成中的白色是无染色矿物，黄色是含铁、锰等矿物，而红色则是辰砂等几种矿物矿化后所成。目前市场上能

▲ 水草红自然形

规格：18×5×3厘米　　估价：8万元

▲ 巴林金银红鸡血原石

规格：26×20×22厘米

▲（左上）巴林鸡血石（彩练红）

▲（右上）三彩红雕摆件《二龙戏珠》

规格：16.5×12×6厘米 估价：8.5万元

34

▲（下）白玉红鸡血石雕件

规格：18×8×9厘米

见到金银两色，配对协调者少，所以上品价格比较昂贵，一般品相每千克市场参考价在6万元左右。

20．彩练红

巴林鸡血石中的重要品种。该品种色彩鲜明华丽，色调多感和谐，质性晶莹、明透、细腻，富有神韵和动感。通常都是以丰富的色彩形成分明的线条出现于石体中，犹如当空舞起的彩练，但必须以血色为主，才能称为彩练红。其主要是辰砂、锰等物质元素呈条状分布在不含杂质的石质中，产生色彩差异而形成的。该品种条状分明，色调谐和，动感强者为上品。该品种最早于1979年在一采区3号、10号采坑产出。目前市场上参考价每千克原石在8万元左右。

21．三彩红

巴林鸡血石中的又一珍贵品种。该石的颜色以红、白、黑三色相间。网状的血如烈焰滚滚，白色的斑点似块块坚冰，黑色的地子如苍穹或乌云，给人一种惟妙惟肖的艺术享受。其色彩鲜艳华丽，色调谐和明丽，质性凝重、华润，富有神韵和霸气。该品种最早于1979年在一采区2号、3号及10号采坑中产出。其构成中的红色是辰砂，黑色是锰、钛矿物，白色是热力作用下原有色质褪色还白。该品种的产量较高，至今产出的数量已达数吨。以色彩分明、鲜艳，质性润透、细腻者为上品。目前市场参考价每千克原石为8～15万元。

22. 白玉红

巴林鸡血石品种中的精品。该品种以白色为主体颜色，上面分布着鸡血，其色彩鲜明夺目，色调显豁美观，色泽艳丽明亮，质性温润、细腻、洁华，富有神韵和灵气，给人一种冰清玉洁之感。该品种最早于1979年在一采区3号和10号采坑中产出。其构成是以高岭石为主体的矿脉节理，裂隙充填了较纯净的辰砂矿物，属绵料质。至今仍有产出。以质地无杂，洁白如玉，而鸡血分布谐和，血面多而宽者为上品。目前市场参考价每千克原石5～8万元。

23. 鱼籽红

巴林鸡血石中的又一奇特品种。该品种以灰红色为主体颜色，石中较均

▲ 鱼籽红自然形

规格：20 × 15 × 5 厘米　　估价：4 万元

匀地分布着密密麻麻的黄色、白色或黑色等圆点，犹如孕育着生命的颗颗鱼卵。该石色彩鲜艳醒目，色调华美柔和，色泽油滑明亮，质性温柔、华润，属绵料质，易保存。该品种最早于1988年在一采区1号采坑产出。其构成为原地开石矿体中残留了高岭石颗粒形成鱼籽，加之辰砂浸入形成红色。该石产量很少，目前市场上一枚3×3×12厘米的平头章价格6万元左右，精品价格要高。

24. 金橘红

巴林鸡血石中又一名贵品种。该品种以纯正无杂的橘黄色为主体，鲜红色的鸡血成云雾状或涛水状分布在石体中，犹如金秋的景色。此品种色彩鲜艳美丽；色调和谐一致，犹如果熟了的橘园；光泽明亮，犹如红黄色霓虹灯；质性温润、晶莹，富有灵韵，犹如一幅幅多彩的金秋画。该品种最早于1998年在一采区10号坑产出。其构成主要是福黄石混入少量赤铁矿而形成的黄色和辰砂渗透形成的血色。该石目前产量极少，体块较小，纯属绵料。通体无杂，光泽明亮，质性润腻、洁凝者为上品。目前市场参考价每千克原石在18万元上下。

25. 咖啡红

巴林鸡血石中又一罕见品种。该品种通体为灰黑色，略渗透着紫红色。细观之，犹如一杯浓浓的咖啡，放上几片红玫瑰花瓣，顿感清爽可口，异香沁脾。该品种色彩浓淡相宜，色调和谐，色泽为蜡光，暗亮，质性温华、凝重，属绵料，易保存。该品种于1990年在二采区3号、5号洞里产出，但产量极少。其构成主要以高岭石为主，含有铁，锰和辰砂等矿

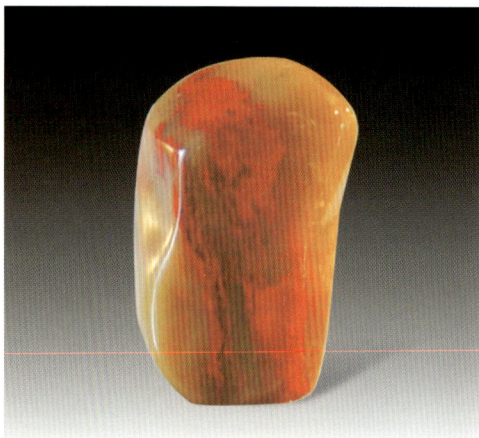

▲ 金橘红《骐骝送宝》自然形
规格：12×8厘米　估价：8万元

▲ 咖啡红自然形
规格：15×18×6厘米　估价：5万元

▲ 龙血红自然形
规格：15×20×3.5厘米　　估价：160万元

物质。目前的市场每千克原石参考价在5万元上下。

26 龙血红

巴林鸡血石中又一珍贵品种。该品种主要特征是血鲜且透黄，也有人称黄血。其地子有很多颜色，有粉红色、牛角色、白黄色，总共约有十几种，都称龙血红。该品种色彩鲜艳，色调谐和，色泽明亮，质性温润、细腻，富有帝者之尊，王者之气。该品种于1992年在一采区10号采坑产出，是伴随夕阳红品种中产出的，数量极少，是辰砂中有少量褐铁矿融合而成黄血。目前市场价格很高，难以估定。

27. 白絮红

巴林鸡血石品中又一奇缺品种。该品种以红色或暗红色为主体，上面飞飘着白色的絮片，犹如片片白云或簇簇花絮，无忧无虑地在空中飘飞着。此品种色彩新奇，色调柔和，色泽蜡亮，质性细腻、凝重，富有生机。该品种于1999年在一采区10号采坑产出。主要构成是地开石、高岭石和锰等矿物形成白絮，赤铁矿和辰砂伴生形成暗红色和红色血。此石质地为软绵料，产量较低，近几年已无产出，故被藏石家们看好。其价格不断上涨，目前市场参考价每千克原石12万元上下。

28. 沉砂红

巴林鸡血石的又一绝品。该品种通体成红色，有的体内有浅黄色，也有的混进白色等。不论什么颜色的地子其血色都鲜艳夺目，光泽华丽。石中分布着均匀的微砂，看似粗糙，实则细腻。血色沿着石体蜿蜒流淌，无声无息地展现沉砂聚集的大漠风范和碧血浸染的草原风采。该石于1998年在一采区2号洞中产出。其矿体成

▲ 巴林鸡血石白絮沉砂红

▲ 巴林鸡血石火山红

分除鸡血石具备的各种矿质外，还多出石英颗粒，呈现出玻璃光泽。其硬度高于其他品种摩氏 0.2 度左右。由于此品种极少，而构成浑圆砂状更为罕见，因此十分珍贵。目前市场上也难以寻见，其价格无法参考。

29. 火鸡红

巴林鸡血石中的又一珍贵品种。该石因蓝灰色地子通体布满鲜艳鸡血，恰似火鸡的脸谱，故名火鸡红。此石光泽艳丽，血色浓正，底色一致，质性温润、细腻、凝重、静雅。该品种是 1994 年在一采区 10 号采坑采出的。主要是褐帘石质均匀渗透在地开石中，形成灰蓝色，而硫化汞和辰砂沿裂隙落入与多元素交代溶蚀，形成红色。此石产出数量较少，现偶尔面世，属于非常独特的品种。目前市场价格每千克在 10 万元左右。

30. 冰花红

巴林鸡血石中又一重要品种。该品种有的以通体的血色出现，有的以灰白色地子出现，也有的以黄色、灰黑色等地子

出现。石体中除了血色外还分布一些不规则的白色角砾，犹如片片冰花点缀着血面，故名冰花红。该品种色彩鲜艳，红色，红得耀眼；白色，白得醒目；黄色，黄得自然。其色泽亮丽、华贵，质性温润、凝华，富有生机和灵气。该石于 1997 年在一采区 1 号采坑产出，是在后期矿体作用中变成棱角，又受水汽热液重新交代而形成的。此石偶有产出，目前市场上参考价格每千克在 3 万元左右。

31. 火山红

巴林鸡血石中又一佳品。该石主体颜色为黑白色，有的还有其他颜色存在。而红色的血，如熊熊的大火；黑色的面，如滚滚烈焰，喷薄而出，给人留下火山爆发，火红炽灼的岩浆直刺苍穹的感觉，故名火山红。该品色彩分明、鲜艳、耀眼夺目，光泽明亮，质性属冻质，绵料，特点是温润、细腻、净透，并富有灵性，最可人。该品种于 1995 年在一采区 10 号采坑产出。其以地开石为主体，因大量辰砂灌入成红色，大量锰钛浸入成青黑色，并保

留火山喷发后的流动构造。该品种以喷发动感强的为上品。目前市场参考价格每千克原石在5万元左右,其上品、精品价格要更高,约高出几十倍。

32. 杏黄红

巴林鸡血石的又一特殊品种。该石色以杏黄色为主体,并夹杂着少量杂颜色,而红颜色集中或散落石体中一部分,犹如熟透的黄杏,得到阳光照射的一面就像发红似的。此石色彩鲜艳,色调协调柔和,色泽华亮彩丽,质性柔润、细腻,富有生机,犹如硕果累累的古树,恋恋不舍

的晚霞。该石于1989年在一采区3号坑和10号坑产出。其构成是以高岭石、地开石为主体,辰砂沿裂缝侵入而形成冻石、彩石和鸡血石为一体的特殊品种。由于此品三石合一,因而十分名贵。目前市场参考价每千克在6~8万元左右。

33. 赤壁红

巴林鸡血石又一特殊品种。该品种色彩以血色为主,黄白色为辅,灰黑色点缀,似滚滚东去的江水,有惊涛拍岸,勇往直前的气势。此品种色彩鲜艳、美观、生动,色调柔和,色泽亮丽、显豁、灿烂,质性

▲ (左上) 火鸡红自然形
规格: 27×21×37厘米
估价: 100万元

▲ (左下) 沉砂红
此品为鸡血石的绝品,其价格难定

▲ (右上) 冰花红自然形
规格: 12×6.5×2.1厘米　估价: 8万元

▲ (右下) 杏黄红方章
估价: 130万元

▲ 赤壁红原石

规格：15 × 11.7 × 3.6 厘米　估价：50 万元

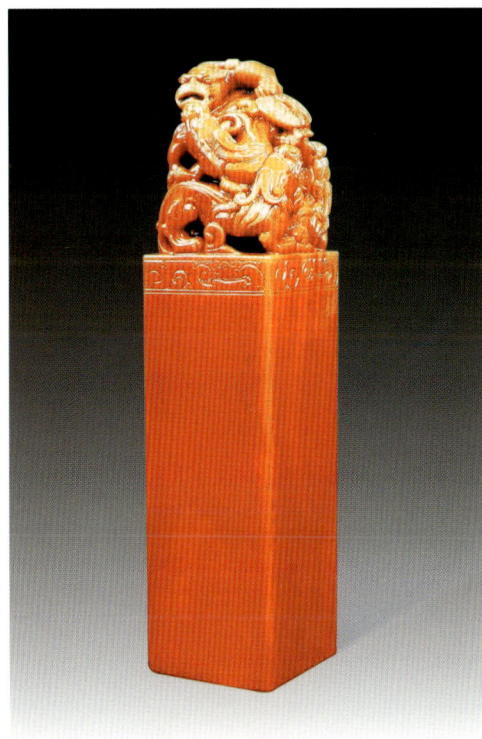

▲ 朱砂红兽钮章

规格：2.8 × 2.8 × 10 厘米　估价：40 万元

温润、细腻、华凝，净透，极富有生机和活力。该品种于1990年在一采区1号采坑产出。其为原流纹岩中渗透辰砂质而形成。此品种以地子呈波纹状，血色有升腾者为极品。目前此品基本绝产，市场上也很难寻见，其价格难以估定。

34．蜜枣红

巴林鸡血石中的常见品种。该石以红棕色为主体，血色点点块块不均匀地分布在石体中，犹如熟透的蜜枣，使人赏心悦目。该品种色彩鲜艳、华丽，色泽火亮、明快、柔和，质性温润、细腻、凝重，富有灵性。该品种于1981年在一采区2号和10号采坑采出，其是以地开石为主体，沿裂隙渗透锰、钛质元素，相互作用下形成棕色。这种红棕色质地的血石品种自建矿以来从没有大量产出，属特殊品种，因而一直被收藏者看好。其他颜色的此品种市场上还算常见。目前市场上参考价每千克6～8万元。

35．朱砂红

巴林鸡血石中又一个奇珍品种。该品种主体为朱红色，有极少量黄色或白色均匀分布石体中。其构成以朱红色为主或红紫色为主。除色地外，该品种的石体中还

▲ 蜜枣红自然形

规格：15 × 22 × 3.5 厘米　估价：3 万元

密密麻麻地分布着微细的辰砂粒，犹如入药的朱砂均匀地洒在血石中。色彩鲜艳，色调协调，色泽柔亮，质性温润。该品种于1980年在一采区10号采坑产出。其产量极少，市场上也不多见，主要是由大量的辰砂浸透原成形的矿体，构成了砂粒，在矿体作用下还没有完全交代清楚，成为微粒。目前市场参考价很昂贵，难以参考。

36．玫瑰红

巴林鸡血石中又一主要品种。该品种有以灰白色地子为主的，也有以浅灰色、黄白色等多种色彩为地子的。但不管地子什么颜色，只要血色是以紫红色为主犹如玫瑰的，都称为玫瑰红。此品种色彩醒目、明快，色调谐和，光泽艳丽，有油光。质性温润、凝重，有冰感和灵气。血状成片，犹如彩云或彩霞悬挂在空中。该品种于1980年在一采区1号和2号洞先采出，随后在二、三、四采区也有少量的产出，产量看好。目前市场上多见，其价格也比较合理。该品种主要成分是地开石和辰砂，经过矿化作用形成。目前市场参考价每千克原石在1.5万～2.5万元之间。以地子有冰感，色彩明快，血色正、浓、鲜，血多且成片状者为上品。

有些玩石家认为，巴林鸡血石虽然品种繁多，色彩和质地上都和浙江产的昌化鸡血石有异曲同工之妙，但还是不能把巴林鸡血石与昌化鸡血石等同看待。

但若从石质整体上看，昌化鸡血石与巴林鸡血石是一致的，只是巴林鸡血石的硬度低于昌化鸡血石。用刀刻之，巴林鸡血刻落的石屑为粉状，而昌化鸡血石为粒状。巴林鸡血石质地软且多呈现粉冻状，还有最明显的一个缺点就是地子不干净，基本上没有纯一色，即使是基本一色，也

▲ 鸡血王自然形
规格：13.5×7×19厘米　估价：300万元

▲ 鸡血王自然形
规格：16.5×5.5×27厘米　估价：300万元

▲ 巴林鸡血原石

▲ 网状鸡血石自然形
规格：46 × 21 × 3.1 厘米

▲ 片状正红鲜鸡血石自然形

▲ 巴林石鸡血王自然形
规格：30 × 20 × 18 厘米
估价：5600 万元

▲ 昌化鸡血原石

杂有斑纹。血红部分显嫩，沉着度不够，经常伴有粉红、淡红及白色。血色呈丝状、点状、散状，很少有大片状，更少有像泉水涌起状者，血色最大的缺点是易氧化、不耐光，见光不久，红色就变为黑暗色。

因此，巴林鸡血石的身价始终不能与昌化鸡血石相比。但现在昌化鸡血石产量极少，几乎面临灭绝。若从治印的角度看，在巴林鸡血石中，选择质地较纯净、血色鲜艳纯正、相对凝聚的黄地鸡血、羊

▲ 昌化软地鸡血原石

▲ 昌化玉地鸡血石

▲ 龙血地《山水》

规格：27 × 34 × 9 厘米

脂地鸡血或牛角地鸡血，只要价格合适，也是不错的选择。

二　巴林冻石

　　人们喜爱冻石，一是爱它似玉非玉，极其珍贵；二是爱它晶莹温润。有人比喻说：人生如不能得一温柔的妻子，就应该求一枚冻石章，补上这份遗憾。三是爱它在篆刻时，因为密度大，硬度高于一般石材，性脆，金石味最佳。

　　冻石属于巴林石中的佼佼者，其质地温润、细腻、凝华、柔美，富有灵性。有半透明的冻石和纯透明的晶石之分，色彩较丰富，有黑、白、黄、红、黑灰、蓝等诸色。晶石中还有无色透明的，酷似水晶，但肌理中有"冻"状，透明度也不如水晶。巴林冻石可分为绵性和脆性两种。绵性石料在开采中如不受大的震动，一般无裂，而且适于受刀，易于雕刻，比较容易保存和收藏。脆性石料容易开裂、风化，即便不受撞击震动也会自行开裂，裂纹往往细小难辨，待到加工磨光之后，方才纵横交错赫然显现，让人叫苦不迭。加之性脆，给制钮和篆刻也带来一定的麻烦。一般来说，绵料多产于矿区西部矿脉组，脆料多产于矿区东部矿脉组，这与矿脉生成期的地质变化有一定关系。根据观察和检验，越是接近地表的石料，质量越好，性绵不易风化开裂；而地表深层的石料则出现风化开裂的现象较多，呈脆性。

　　巴林冻石清澈透明，光彩照人，充满生命中的动感和灵性。其品种繁多，色彩绚丽，纹理奇特，得到国内外玩石专家、篆刻家、收藏家们的青睐和珍爱，可见其魅力的确不凡。目前，巴林冻石在市场上能

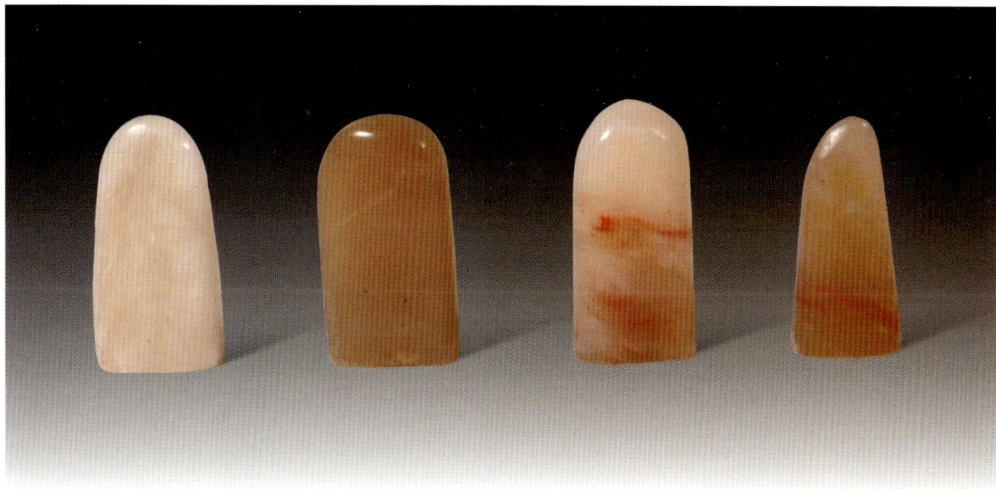

▲ 晶莹剔透的巴林冻石随形章

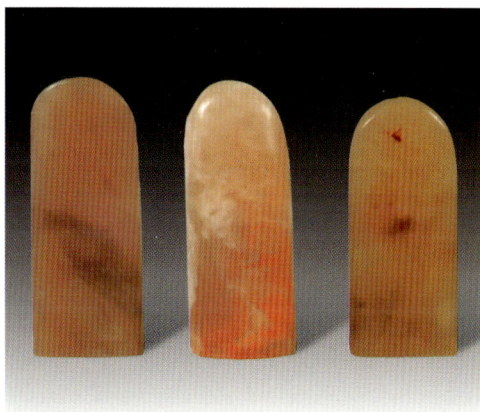

▲ 吸附水分非常少的巴林冻石随形章

▲ 五彩缤纷的巴林冻石随形章

见到的有近百种，但石质好，地子纯净，光泽强，色彩正的优质品约在50余种左右。俗话说："一母生百子"，一样的山，一样的土，所产出的石大不一样。从颜色上分，有的白，有的黑，有的粉，有的红…… 从质地上验，有的绵，有的脆，有的软，有的硬……从光泽上看，有的耀眼夺目，有的暗淡无光，有的明透浑厚，有的油亮滑光……实用上也不尽一样，有的磨成印章，有的打磨成自然形，有的做人物，有的雕花草……有趣的是同样大小的一块巴林冻石，这块可能价高值百万，那块价低仅值百元。在命名上以天文、地理、动物、植物名为主。有的非常典雅，如"艾叶冻"、"桃粉冻"、"玫瑰冻"、"芙蓉冻"、"晨曦冻"、"霞光冻"、"晴雨冻"、"潇潇冻"等；有的非常土俗，如"酱油冻"、"炒米冻"、"花斑冻"、"豆沙冻"、"卵石冻"；还有的是雅俗共赏，如"黄金冻"、"铁砂冻"、"流沙冻"、"冰花冻"、"彩花冻"、"蛇皮冻"、"牛角冻"等。

1. 巴林黄

巴林黄微透明状，以鸡油黄色，无一

丝杂质为最佳，石性很好，坚而不脆，不易发生绺裂现象，极宜适刀，是制作印钮和雕件的上好材料，尤其做精细雕刻最为得心应手。此品种沉稳端庄，天然高贵，又有人称之为"巴林田黄"，可见其珍贵。此石常生于其他冻石之中，为一带状，故得大块者，常被人再染色，将两面表皮处作薄意雕刻，充作田黄石出售。行内人一见便知，色有深浅，通灵度比田黄石差很多，清亮度不及寿山水坑石，多显混浊，肌中偶有黄色石糕，故称鸡油黄，无杂质者为上品。此品种在巴林石中所产甚微，得之不易，且很少有独立成块产出，所以成品多为小方章或随形，大而方的印章极少见，故极为珍贵。

2．刘福冻

刘福黄是巴林冻石之最，集极品、珍品和稀品于一身，又名"刘福冻"、"福黄"等。刘福是一个采石班班长，常年与巴林石打交道，耳濡目染对巴林石可谓再熟悉不过了。1983年冬季，当他开采到一窝冻石时，那黄澄澄、莹澈澈的冻石让他激动不已。可是，在这露天采坑的旁边，有一种潜在的危险：土质松软，冻石中不断有水流出，在深坑中不能排水，在水的浸泡下，随时可能发生塌方和溜坡，溜坡后山石就会倾泻下来，那样，这窝石材就会被埋没。如果开采，矿工们随时会有生命危险。

那窝冻石太诱人了，刘福带领一班人冒着生命危险，忍受着石缝滴水的寒凉，拼命抢进度，终于把石材的大部分抢了出来，可是刘福却因严寒冻泡全身瘫痪了。采矿单位耗资数万元抢救这位功臣，虽然留得了性命，却终生丧失了劳动能力。

最可惜的是，当时人们救人心切，匆忙中未埋好开采出来的冻石，事后发现那些冻石许多被风化成了碎块。这种冻石质地之好在巴林石的开采史上是空前的，是否绝种难下定论，有人认为如果在刘福卧子处再进行大量的、艰巨的土石剥离，还可能回采一小部分这种冻石。

此种冻石颜色为橘黄、金黄、鸡油黄和淡黄，其与田黄石相比，毫不逊色，且其中少量冻石也具萝卜纹，无怪乎现在市场上销售的田黄石有很多就是这种冻石，很多有经验的藏石家们也真假难辨。

3．文颜冻

文颜冻是巴林冻石彩冻类中的上品。这种冻石是在刘福卧子里出产的，颜色黄黑相间，黄色部分晶莹透明，黑色部分质地相反，很似皮冻的沉淀物，质地粗，外观丑。两色石结合成一体，美丑对比强烈，让人想起《三国演义》里的两员大将，一个名颜良，一个名文丑，颜良是个美男子，文丑是个丑汉子，形象上对比效果强烈，然而两人又是生死至交，形影不离。这种冻石一半美得可爱，另一半丑得可以，很似颜良、文丑，故名"文颜冻"。该品种黑、黄组成的方式多样，有的是黑面大，黄面小；有的是黄面大，黑面小；也有的是上边黑，下边黄，或黑黄相间。但无论怎样组成，黑色和黄色必须分明，才叫"文颜冻"。文颜冻属脆料，质地细腻脂润，呈微透明状，色彩凝重，油亮光泽，适宜加工印章或做钮章。该品种于1979年在矿山各采坑都有产出，产量较多。黑黄花分明，

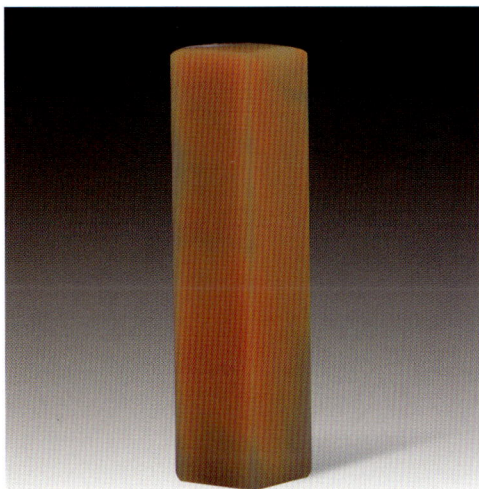

▲ 巴林石福黄方章
规格：3.2 × 3.2 × 12.8 厘米

▲ 巴林黄冻（铁焰黄）

色形比例适中，且石质透明度较好又无杂质者为上品。此品种主要是水铝和地开石相伴而生。

4. 羊脂冻

羊脂冻是巴林石清冻类中的极上品。该冻石通体为奶白色，如熟羊油，属绵料，质地细腻脂润，呈微透明状，油脂光泽，非常适宜加工印章和雕刻各种工艺品，易保存，是收藏者抢手的珍贵品

种，谁得之都不情愿出手。羊脂冻以纯净无瑕者为佳，以色泛浅黄且糕者次之，泛粉色者又次之。由于可以成材的石料极其难得，绝大多数都混有其他色彩，所以纯正无瑕的羊脂冻为印材爱好者所梦寐以求。该品种于1986年在一采区5号平洞中产出，后四采区也偶有发现，产出的数量很少，大块石材更少。其结构以纯净的地开石为主，均匀分布细微的晶体颗粒，是在长期矿体作用下形成的。市场上常有，但都是成品，价格不菲。

5. 牛角冻

牛角冻是巴林冻石清冻类中的上品，因这种冻石的颜色和质地类似牛角，故名"牛角冻"。黑灰色半透明，内有纹理，状似牛角。目前牛角冻包含浅灰色至黑灰色的各灰色度。也有人称浅灰色冻石为犀角冻。以颜色重、透明度高、不脆不裂者为上，其他为次。牛角冻石比牛角更具拙朴之风骨、青黛之美韵，故文人墨客酷爱用此石雕刻印宝。该品种于1979年在一采区1号采坑中产出，后来在穿脉4号平洞和四采区也有发现。产量较高，市场上常见，其价格也合理。此石属于脆料，适宜圆雕和加工印章。不足的是，此石保养不好易出现裂纹。其是纯净的冻石矿床中分布着锰和氧化物，经过漫长的岁月浸染而形成。

6. 鱼籽冻

鱼籽冻是巴林冻石多色冻类中的奇特品种。该冻石多见以黑色、黄色、青色为地子，微透明至半透明，中间有成片的白色斑点，如芝麻大小，排列整齐，如同鱼卵一般，故名"鱼籽冻"。质地柔和易受刀，鱼卵状斑点有时微有沙感。制作雕刻品应考虑利用白色斑点为宜。细观这种不

▲ 文颜冻钮章
规格：45×45×13 厘米

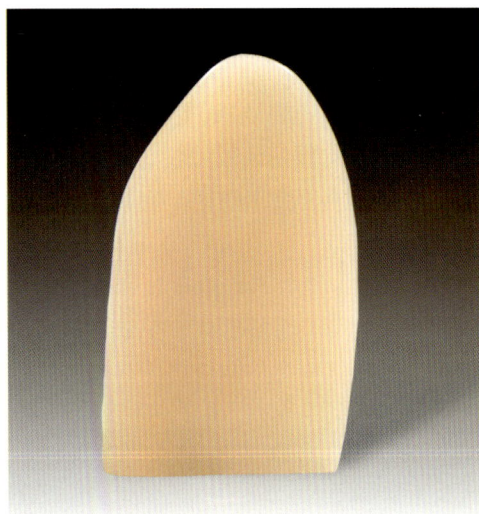

▲ 羊脂冻自然形
规格：5×8×2 厘米

常见的装饰意象，令人感慨大千世界，无奇不有，好似颗颗"鱼籽"都孕育着生命，它们在等待时机，一旦孵化，即跳跃于江河大海中，实现遨游东海的梦想。鱼籽冻属绵料，质地细腻脂润，油脂光泽，适宜加工印章、雕件、打磨自然形等。该品种于 1989 年在采区一号采坑中产出，后在其他的采坑中也偶有产出。其形成的原因是球粒状流纹岩凝结在矿体中，经后期交代所致。以质地灵透，颗粒圆，清晰，且均匀者为精品，是收藏者抢手的佳品。市场价格较合理。

7. 鱼脑冻

这种冻石颜色淡于牛角冻，透明度略差，色调类似鱼脑，故名"鱼脑冻"。巴林所产鱼脑冻有灰、白两种，白色较为少见，主要是浅灰色品种。半透明冻体内部有许多水泡状花纹，萦萦绕绕，极富情趣。花纹若隐若现，不是彩色条纹。其石温润异常，无绺无裂，所产甚微，属珍贵品种。

8. 羊脑冻

此石为浅粉色地子，上面布满不十分规则的白色半透明斑块。其间有浅红色或鸡血红形成的网状线条分割，恰乎羊脑之上的毛细血管，十分奇特。石质温润易受刀，不易出现绺裂。通体无杂色者为上品，较为少见，多数为局部有此特征。

9. 千秋冻

此石之名是由蚯蚓冻演绎而来，借其谐音取其吉祥而命名。石材上所呈现的花纹极似无数条蚯蚓。石质较硬，偶有轻砂，较少出现绺裂，比较常见。适于制作对章及观赏。

10. 虾青冻

虾青冻是巴林冻石清冻类中的上品。这种冻石颜色像活虾，其质地同鱼脑冻，故名"虾青冻"。颜色浅灰泛青，质地细腻脂润，半透明，光泽柔和。以无杂色，透明度高为佳。虾青冻多为脆质，少数为绵脆相间质。适宜加工印章和把件。该品种于 1979 年在一采区 1 号采坑中产出，后来 2 号、3 号石洞、斜井中都有产出，其产量较大，但都混合杂花，纯正质地的不太多，如果在石料堆里精心挑选也不难寻到，目前市面上也常见，价格不太高。其是纯净的地开石中均匀地分布着细微的绿泥石颗粒所形成。

11. 龟板冻

这种冻石地子为青色，有黑或白色不规则的三角形布满石材，类龟板而命名为"龟板冻"。传说中龟为龙的第九子，百虫之长，四大天王中掌管北方的天王原身就是龟，殷人以其甲问卜。日本人把龟视为吉祥物，因其最长寿，人的名字多带"龟"或"松"字。中国曾奉龟为神物，最早的文字甲骨文就刻在龟板上。后因宋朝盖了个龟蛇庙，给乌龟加以不实之罪，是为绿帽子的同义词，至今沉冤未雪。

12. 虎皮冻

冻石上有两色不规则的纹路，似虎皮。纹路颜色或红或黄或黑，在巴林石中比较稀缺，命名为"虎皮冻"。

13. 凤羽冻

凤羽冻是巴林冻石彩色冻类中的奇珍品种。该冻石的颜色有两种或多种。此品种冻石呈现棕色的羽纹和灰白色的羽毛状纹理，栩栩如生，好似鸟儿的羽翅，凝结在石里，令人惊叹不已，故名"凤羽冻"。凤羽冻属于绵料，质地细腻脂润，呈微透明状，油亮光泽。该品种于2000年从一采区1号采坑中产出，与鱼籽冻石出自一个矿脉，但形成如此图案的极少见，所以非常珍贵。其是冻石矿体中形成两组"X"形节理，以网格状分布，又经后期交代形成如此独特的品种。

14. 蛇纹冻

蛇纹冻是巴林冻石彩色冻类中的佳品。该冻石多见青灰色，也有树皮色、灰白色和黄土色等。石面上布满了网格状纹理，很像蛇皮纹，故名"蛇纹冻"。蛇纹冻的纹理清晰，鳞片特征鲜明，一般为白

黄色，在冻石地子色中过渡，活灵活现。蛇纹冻属绵料，质地细腻脂润，微透明，硬度适中，蜡脂光泽，适宜加工印章和巧色雕刻等。该品种于1983年在采区10号

▲ 具有黄色绺纹的巴林鱼籽冻石

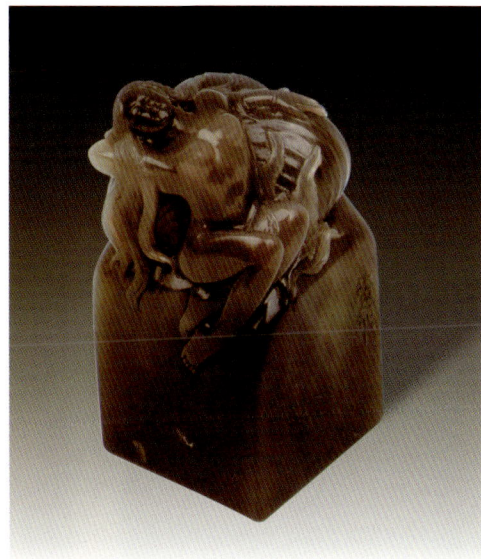

▲ 牛角冻钮章

规格：4.5×4.5×8.7厘米　估价：6万元

采坑和四采区产出，产出的数量较少，而且蛇纹分布均匀的也较少。其是地开石矿在热液的作用下浸染了高岭石矿体，构成此品种。

15. 薄荷冻

淡绿色半透明，清雅而富于活力，石质细润，多数石料性绵，适于雕刻各种人物、动物、花卉。颜色愈浓者愈妙。石中时有白色蜡石，如云如缕，雕刻时如能巧妙地加以利用，亦可变害为利。

16. 艾叶冻

艾叶冻是巴林冻石清色冻类中的珍贵品种，也是极上品。该石通体为灰绿色，色调平稳，无杂色，石面上的石纹像野生植物艾草叶，故名"艾叶冻"。细观之，此石纹确实是灰绿有致，绿茵茸茸，令人联想起"芳草和烟暖更青，闲门要路一时生"的诗句，感悟人生的价值和生命的珍贵。艾叶冻属绵料，质地细腻脂润，微透明，瓷光泽，色彩柔和。一般为黄绿色，深绿色如同树叶者最为稀少，也最为贵重。此品种极少产出，纯净块大的实为难得，故收藏者多是只闻其名，不谋其面，市场上难以见到。该品种于1995年在一采区4号采坑产出，产量太少，无大材，为稀世珍品。其主要是地开石中混入均匀的绿泥石形成此品种。

17. 藕粉冻

通体为浓粉色稍带青紫，微透明至半透明，色彩协调，易于受刀，不易出现绺裂，为雕刻品的极好料石。对于雕刻技法的表现，易收事半功倍的效果。此石在巴林石中多有产出，但色彩均匀，无条纹杂色者较少。色调不够明快，有压抑感为它

▲ 千秋石
规格：10 × 8 × 6 厘米

▲ 虾青冻玉链章

▲ 凤羽冻自然形
规格：18 × 32 × 4 厘米
巴林冻石中的绝品，目前只发现两块

▲ 藕粉冻雕件
规格：10 × 13 × 6 厘米

的缺点。以色彩均匀，无杂色者为佳品。

18. 杨梅冻

半透明状，淡红偏紫，色如熟透的杨梅果。石性绵润，不易出现绺裂。以质地纯正，透明度较高，块大者为佳品。

19. 荔枝冻

荔枝冻是巴林冻石清冻类中的极品。该品种通体为清白色，别无他色。外表与白芙蓉冻石较为相似，须仔细观察才可发现它们的区别。首先是颜色不同，白芙蓉是雪白色，荔枝冻是清白色；其次是质地不同，白芙蓉质地细腻温润，荔枝冻质地细嫩温润，很像荔枝的果肉，水汪汪、光泽鲜亮、水灵，呈现欲透不透之感。该品种于1986年在一采区5号平洞产出，伴杂着其他冻石所生。其数量较少，更无大块石材，适宜做菩萨雕件和印章等小型雕件。其构成主要是纯净的、无杂质、均匀细晶体颗粒和少量成分的水铝石，属绵料，能永久保存。

20. 柏叶冻

柏叶冻是巴林冻石彩色冻类中的奇特

▲ （左上）艾叶冻方章
规格：3 × 3 × 12 厘米
此石种为绝品，非常珍贵

▲ （左下）蛇纹冻方章
规格：3 × 3 × 12.5 厘米
巴林冻石中稀少品种

▲ （右）粉芙蓉冻钮章
规格：4 × 4 × 12.4 厘米
巴林粉芙蓉冻的精品

品。该冻石一般以白黄色为多见，也有灰白色、青白色和其他浅淡色。石面有灰黑色或褐黑色的纹理，形似柏树枝或柏树叶，故名"柏叶冻"。柏叶冻的纹理有深有浅，像是秋雾中的柏树枝叶，时隐时现，具有清雅、舒适的意境。柏叶冻属于绵料，质地细腻脂润，微透明状，油脂光泽，是收藏的珍品。该品种于1980年在一采区5号洞10号采坑中产出，其产出数量不多，同水草冻相伴生。柏叶似针状的少而大叶的多，有石纹像柏树干者，是为绝品。其主要是地开石的层隙同沉积的锰铁等化合物逐渐凝结所形成。

21. 湘竹冻

湘竹冻是巴林冻石多色冻类中的珍奇品种。传说在舜时，舜往南视察，他的两个爱妃娥皇和女英日夜思念他，每天望着南面泣哭，泪珠点点滴印在竹子上，就成了著名的湘竹。巴林石中有种冻石，斑斑点点，形似湘竹，这种冻石被命名为"湘竹冻"。

该冻石主要有灰黑色、灰白色两种。灰黑色时隐时现，呈长竹竿形，竹竿上又出现明显的斑点，很像湘竹泪痕斑斑。湘竹冻还有别的色彩，如像竹竿的石纹就有土黄色、白色和白黄色等。底色也不完全一样，有灰色、白色还有其他色。但不论什么颜色的地子上都有泪痕累累的湘竹图案，这就是自然造化的神妙了。湘竹冻属绵料，质地细腻脂润，微透明状，最适宜加工印章。该品种于1979年在一采区1号采坑和二采区、四采区都有产出，但特别形象的还不太多。目前市场上能见到，价格也合理。其是主矿体形成后，含铁、锰等元素的矿物质热液沿"X"节理充填而成此品种。

▲（上）荔枝冻自然形
规格：6×10×3厘米

▲（下）湘竹冻钮方章
规格：3.2×3.2×13厘米
巴林冻石中珍稀品种

22. 潇潇冻

潇潇冻是巴林冻石多色冻类中的奇品。这种冻石质地为牛角冻，有半透明的，也有微透明的，以灰白色为主。石面上有黄色、黑色、灰色等纹理，但最为明显的是石面上布满了密密麻麻的细冻条和丝丝条纹，像是随风飘摇曲动，让人联想到一首小诗："风也飘飘，雨也潇潇，红了樱桃，绿了芭蕉。"故名"潇潇冻"。潇潇冻是一种美石，整个石面上就像幅美丽的风光景点，近处草木郁郁葱葱，远处崇山峻岭，中间碧水环绕，空中细雨潇潇，似一幅雨后的北国秋色。潇潇冻质地细腻脂润，富有大自然的生机和灵性。该品种于1979年在一采区1号采坑中产出。此石多数都是跑卧石，单独成块，适宜打磨成自然形在室内摆放，不需刀琢就具备天然的美，其是矿体中的劈理被地开石充填后所形成。

23. 玫瑰冻

这种冻石是巴林冻石中的稀品。该品种以玫瑰色为主而得名，有红玫瑰、粉玫瑰、黄玫瑰和多彩玫瑰等多品种，特点是色彩鲜艳，色调朴实纯正，层次感强。红色调中染透着粉色，而粉色调中又透微红色，红、粉相得益彰。玫瑰冻属绵料，质地细腻脂润，呈半透明状，色泽鲜艳，光泽明亮，适宜加工印章等。该品种于1986年在一采区2号、10号采坑中大量产出，与鸡血石相伴生。市面上能见到的颜色纯正者属珍品或绝品，价格不菲。其是纯净的地开石矿体均匀地分布着微红的辰砂颗粒和铬离子，经过长期的化学反应和矿体作用而形成。

24. 红玫冻

红玫冻是巴林玫瑰冻石类中的一个上品。该品种以紫红色为主，轻透着微粉或微红。色调艳美、娇媚。细观之，给人一种舒心、适意、愉快之感。红玫冻为绵料，质地细腻脂润，呈半透明状，光泽柔亮，适宜加工印章等。该品种于1983年在一采区2号和10号采坑产出，数量不足一吨，目前市场上很难见到，属于名贵品种。其是纯净地开石上均匀地分布着

▲ 柏叶冻自然形
规格：20 × 15 × 3.6 厘米

细小的辰砂颗粒和铬离子，经过长期矿化作用而形成。不足之处，此品种由于辰砂颗粒细小，见空气极易氧化，造成红色易逝的缺憾，出矿后如保养不好，会出现严重的褪色。其颜色只有快速加工成品料，封蜡后才能保住。这种颜色在巴林石中极为稀少，在冻石中更是凤毛鳞角，难得一遇。

25. 瓜瓤冻

瓜瓤冻是巴林冻石清冻类中的极品。该品种通体为粉红色，胜似熟透的红瓤西瓜而得名。瓜瓤冻色彩很美，在颜色较浓的红色冻石中有一条条红筋，如西瓜之筋，红里透染着粉，粉中又浸染着淡白。细品之，留给人们香甜解渴的感觉，知难而进，先苦后甜的感慨。瓜瓤冻属于绵、脆相间料，石质细腻柔和，色彩热情奔放，极为艳丽，动人心魄。以质地透明度高，红色均匀纯正，红筋明显者为上品。如无红筋，则不为此品种。适宜加工成各种工艺品和印章。该品种于1992年在一采区2号、10号采坑产出，与玫瑰冻相伴

▲（左二图）潇潇冻对章
规格：3×3×11厘米

▲（右）红玫瑰冻方章
规格：14×3.5×3.5厘米
珍奇品种

而生，产量较少。其是以较纯净的地开石中均匀地分布着赤铁颗粒和铬元素，经长期的砂化作用而形成。此品种如长期日晒或加热过度易褪色，需要精心保养。目前市面易见，价格也比较合理，一般都能买到。

26．芙蓉冻

芙蓉冻是巴林冻石清冻类中的极上品。颜色为粉色，淡于桃花冻，重于杏花冻，类于芙蓉玉石，故名"芙蓉冻"。又因靠近鸡血石矿脉，石中常带有血丝，故俗称"散血"，略似寿山芙蓉，以无杂或红白分明者为最佳，白色为糕者次之。温润受刀，易于雕刻。如印材通体无杂色，则是难得之珍品。芙蓉冻的特点是有多种不同的主色调，其中，以白色为主的叫"白芙蓉冻"，以黄色为主的叫"黄芙蓉冻"，依此类推。每一种芙蓉冻除主色不同外，其他的质地等都是相同的。每一种芙蓉冻都有较单纯的主色，色调非常柔和，层次感强，例如淡粉色中透出微白，浅黄色中

有微红色过渡，呈现出天然质朴、率真可爱的魅力。芙蓉冻为绵料，质地细腻脂润，呈半透明状，有亮丽的光泽。该品种于1979年在一采区2号、3号、10号采坑和四采区1号、4号石洞中都有产出，适宜雕制印章。其形成主要是地开石质的冻石，均匀地分布着微细的铁矿颗粒，呈浸染状内含石体中。此品种产量较大，市面常见。但精品较少，价格也很昂贵。

27．白芙蓉冻

白芙蓉冻是巴林芙蓉冻石中的上品。该品种以乳白色为主，透染着淡黄、水清或浅粉色，给人们一种清雅洁白的神韵。白芙蓉冻质地细腻脂润，呈半透明状，富有灵性和动感，具有华丽柔亮的光泽。适宜雕刻印章和各种工艺品，尤其用来雕刻人物也会有更加独特的效果。其主要是白色的地开石，在矿体的长期交代下而形成的。该品种于1978年在一采区和四采区的采坑中产出。产出地点较多，但产量不大，而大块石材更是少见。目前市面不难寻到，但纯净的上品还是难得。

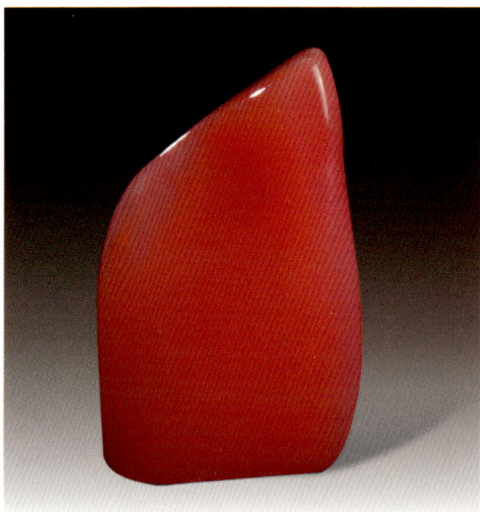

▲ 巴林石瓜瓤冻
规格：2×5.5×3厘米

▲ 红玫瑰冻方章
规格：3.4 × 3.4 × 11.7 厘米
薄意雕，珍贵品种

28. 黄芙蓉冻

黄芙蓉冻也是巴林芙蓉冻中的上品。该品种以淡黄色为主，均匀浸透着其他色彩，但色彩较单纯，主色调鲜明，不混浊。细观之，犹如少儿的皮肤，光滑黄嫩，富有生命力。黄芙蓉冻质地细腻脂润，呈半透明状，光泽油亮、艳丽、柔和。此石材加工印章或雕制工艺品均可。该品种于1979年在一采区2号、5号、10号采坑中产出，多数相伴福黄冻石面世。一般被人误认为是福黄类淡黄的福黄石，其实是黄芙蓉。该品种主要是浅黄色的地开石，在矿物质长年的交代下形成的。其产量不大，大块石材更是少见。目前市面上不难见，价格比较合理。

29. 红粉芙蓉

红粉芙蓉也是巴林芙蓉冻石中的上品。品种有红、粉之分，红芙蓉以浅红色为主，透着淡粉色或淡黄色；粉芙蓉则以粉色为主，轻透着淡红或淡白色，犹如画师们神笔丹青，多一笔太重，少一笔太轻，恰到好处。红粉芙蓉质地细腻脂润，呈半透明状，玉石光泽，宜雕制印章。该品种于1985年在一采区2号、3号和10号采坑产出，四采区的1号和4号石洞中也有产出，其产出地点较多，产量也较大，市面上易见到。由于该石产于鸡血石矿脉的附近处，有的人也称之为"散血"。其实红芙蓉冻是以纯净的地开石质为主，均匀地分布着较微小的辰砂和赤铁矿颗粒所形成的，而粉芙蓉冻是以纯净的冻石为主，分布着细小的赤铁颗粒所形成的。

30. 紫芙蓉冻

紫芙蓉冻是巴林芙蓉冻石中的上品、精品。该石以凝重华丽的紫霞色为主色，纹理是淡淡的赭色，具有片片霞云或紫气东来的装饰意象，给人以吉祥、愉快之感。细品之，富有大自然的活性和韵律，酷似出水的紫色芙蓉，故名"紫芙蓉冻"。紫芙蓉冻属绵料，质地细腻脂润，呈微透明状，油脂光泽，适宜加工印章和雕刻各种工艺产品。该品种于1985年在一采区2号和3号采坑中产出，后在四采区中也偶有产出，产出地点多，产量也好。此品种是以纯净的冻石为主，石地上均匀分布着细小的赤铁、褐铁矿颗粒而形成的。市面常见到，但色泽纯正的精品少见，而大块石材更少见。

31. 青芙蓉冻

青芙蓉冻是巴林芙蓉冻石中的上上品、精品。该品种以灰青色为主色，透染

▲ 芙蓉冻雕件《寿星》
规格：12×7.5×27厘米
估价：16万元

▲ 芙蓉冻夏意壶
规格：18×13×6厘米

印章和雕刻各种工艺品，用来雕人物效果会更好，是上等的冻石精品。该品种于1978年在一采区和四采区的采坑中产出，产出地点较多，但数量有限，偶有大块石材。该品种主要是以淡青色的地开石为主，在矿体长期交代下而形成。目前市场上不难寻到，但较纯净的上品不多见。

32．松花冻

这种冻石形似松花蛋里的松花效果，花纹与质地都极像，又似生物学家采集的松枝标本，是巴林冻石中的稀品。从开矿以来，没遇上几块此石，在其他产地的印石中也无此石材。

33．桃花冻

桃花冻是巴林冻石清冻类中的极上品。这种冻石的颜色似盛开的桃花般娇艳，故名"桃花冻"。淡粉色半透明状，艳

▲ 粉芙蓉人物雕
巴林冻石中的绝品，市面上很少见

着浅淡虾青色，似虾非虾，似水非水，淡青色中微透着灰黑，酷似青芙蓉，故名"青芙蓉冻"。青芙蓉冻属绵料，质地细腻脂润，呈微透明状，油脂光泽。最适宜加工

深粉红色的细点，鲜艳可爱，巴林桃花冻以越似桃花色越名贵，有糕者次之。该品种于1979年在采区2号、3号和10号采坑产出，矿线较宽，产量较大，但色泽纯正且无杂质者较少。其主要是无染色的白冻石中分布着微小的辰砂颗粒，在矿质的长期作用下，辰砂微染了矿体而形成。目前市面上极品少见，价格也十分昂贵。

34．杏花冻

这种冻石呈白色，白中透粉，有蜡性，故称"杏花冻"。桃红李白，与桃花冻一起并称"姊妹石"。

35．石花冻

石花冻是巴林冻石彩色冻类中的奇品。该冻石质地以驼毛色、棕色、浅黄色、青灰色等色调为主，上面混合着大小不

▲ 巴林冻石黄芙蓉冻钮章
规格：3.5 × 3.5 × 14 厘米

若桃花，洁净无杂，呈半透明状，富有灵性，有油脂光泽，惹人喜爱。石质温润柔和，极少产生绺裂，适宜雕制人物雕件和印章。因雕刻其人物、印钮能够充分表达意境，具有桃花盛开的装饰意象，故给人以满面春光、春风得意之感。巴林桃花冻与寿山石中的水坑"桃花冻"概念不一。巴林桃花是淡粉红色的冻石，为半透明状，寿山桃花是在透明地子上有许多

▲ 巴林芙蓉冻石钮章
（左一）规格：2.4 × 2.4 × 12.3 厘米
（左二）规格：2.8 × 2.8 × 11 厘米

▲ 青芙蓉冻钮章
巴林冻石中的珍贵品种

一、形状各异、疏密不匀的白色斑点，犹如落花残瓣，满地飘洒，故名"石花冻"。石花冻为绵料，质地细腻脂润，呈半透明状，油脂光泽，色调分明，加工印章和制作自然形更显其魅力。其白色石斑花是地开石矿液热上侵交代后形成的。质地半透明，石花清晰，形状圆滑，散落均匀者为佳品。该品种于1971年在一采区大移坑和1号采坑4号石洞均有产出。产量较多，现仍有产出，市场上价格合理。

36．彩花冻

彩花冻是巴林冻石多色冻类中的佳品。该冻石色彩丰富鲜艳，石面上有多种主色调呈现，如红色、黄色、白色等，主色调中又出现一些异彩的石花。石花色白的名为白花冻，石花色红的名为红花冻，还有黄色石花的黄花冻等，但总称"彩花冻"。彩花冻品种较多，产量也可观。彩花冻属绵料，质地细腻脂润，微透明，油脂光泽，最适宜加工成大型的艺术品雕刻。因矿产丰富，有大材，单块重上百斤、上千斤的都有，是巴林石的主产品种。该品种于1978年在露天坑中就有产，现各采区都有产品。以色艳、质透者为上品。其各种色彩的石花主要是地开石为主的矿体上浸染着赤铁矿、锰、钛等元素而形成的。

37．冰花冻

也称"冰纹冻"，是巴林冻石彩色冻类中的上品。该冻石主色是水青色，石面上有各样深浅不一的白色花纹，有的像滚滚波涛溅出的浪花，有的像寒冬流水结冰后开出的冰花，时隐时现，蔚然壮观，故名"冰花冻"。冰花冻色彩为青、黄、白，相配协调，有立体感。冰花冻属绵料，质地细腻脂润，微透明，油亮光泽，适宜做印章或制作自然形等。该品种于1978年在二采区中产品，现仍有产品。其地子色不同于以前产出的，多为棕色或红粉色等。以质地明透者为精品。其品种主要是地开石矿体中混合着高岭石，出现白色的纹理而形成的。

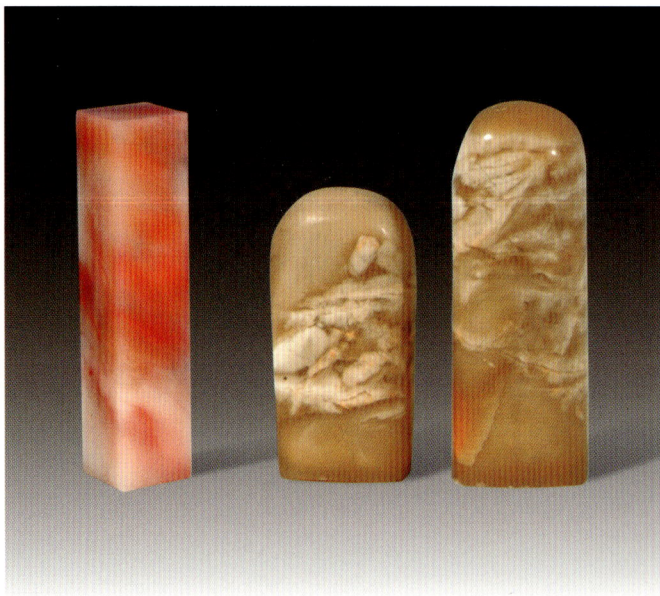

▲ 桃花冻方章
规格：3×3×13厘米(左)

▲ 石花冻随形章
规格：3×3×6.5厘米(中)　3×3×9厘米(右)

38．水草冻

水草冻是巴林冻石中又一奇特的极上品。其色泽鲜明清晰，光泽明透蜡亮，质地温润、细腻、洁净。细观之，似棵棵水草被涌动的湖水任意摇曳，使水草前摆后仰，活灵活现。作为冻石的水草石，质地多呈现透明或半透明，也有不透明的。地子的色调也非常多，巴林冻石所有的地子几乎都在此石中出现，如鸡血石、福黄石、冻石和彩石中都有"水草"品种，其色多见有白色、黄色、灰色、青色和粉色等。"草"的颜色以黑色为主，也有红草（为血草），还有绿色、黄色、灰色、白色的草（为雪草），行内习惯称红、绿、黄、黑色草为"春、夏、秋、冬"四季。草的长势也不尽相同。在一块石中有一棵或两棵的，有的是多棵；有的疏，有的密；有的是一棵草有四种颜色，也有两种或三种色彩的草，其中以一种颜色的为多数。草的茎和叶也不完全一样，有细叶的称小叶草，有宽叶的称大叶草，还有针叶草，草茎像树木，从独枝开始，逐渐分枝往上挺拔。也有的不像草，像一棵树。也确实常有似柏树叶、松树叶的草出现，但茎部像草不像树。另外，水草冻的好坏也有明显区分。质地洁净，动感强，剔透，草势又好，能单独成棵的为上上品。如果一块石面初具上述条件，且红绿黄黑四季草都出现的为极上品。草长势较好，石质不太好的为中上品。石质一般，草势一般的为中品。石质不好又有花，或不是冻地子，而草势又模糊不清的为下品。该品种早于1985年在一采区5号石洞和10号采坑产出，后来其他采坑、洞都有产出，产量较大，但混在冻石中很难发现。目前市场上常常能见到高中低档的品种，价格合理。此石质地多数为绵料，少数为绵、脆相间料，但也有脆料。最适宜加工自然形，而草面平滑的也可加工成印章，但太少见。由于水草冻的图

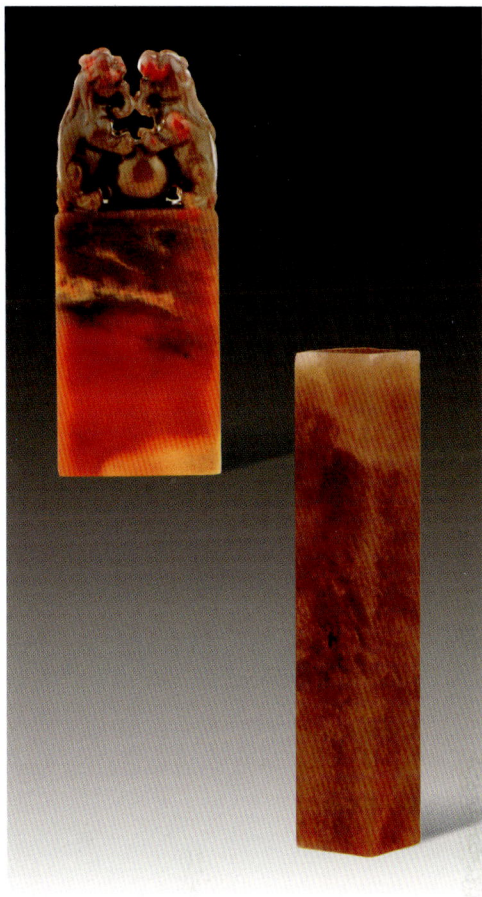

▲（左）彩花冻钮扁章
规格：6×3×12厘米

▲（右）冰花冻方章
规格：3×3×10厘米

形很像水草树木状植物化石，一些人误以为是"化石"。其实水草冻是锰、铁和有色的金属氧化物流积于矿体中的层隙间，久而久之凝结成此图案，这种图案不仅巴林石中有，其他的火山运动所形成的沉积岩、火成岩中都有。相传，唐代武宗时期的宰相李德裕得到一块醒酒石，若以水浇之，顿显郁郁葱葱的草木景象，很可能就是"水草纹"石的一种。"水草纹"石十分珍贵，如今在巴林石中出现，其经济价值、观赏价值、收藏价

值就更高了。

39. 蓝天冻（青花冻）

巴林冻石彩色冻类中的极上品或绝品。因为巴林石"缺蓝少绿"，石矿开采30余年，此品种产量只有几十千克，所以市场上根本见不到。该冻石以青蓝色为主，有灰黑色或棕色的石纹作网络状分布，不时有少许棉絮纹点缀其中，给人以蓝天白云的装饰意象，故名"蓝天冻"。蓝天冻为绵料，质地细腻脂润，硬度适中，微透明，瓷釉光泽。蓝天冻的色彩很美，具有巴林草原的天然韵味。2000年在一采区南侧新矿洞又发现十几块，色彩比以前发现的更鲜艳些，所以又称"青花冻"。仔细品之，如一件件珍藏几百年的青花瓷工艺品，记述着岁月的沧桑。该品种最早于1976年在二采区12号采坑中采出，后在一采区21号采坑中也发现几块，但无大材，最大块仅有拳头大。其主要是地开石中均匀地分布着绿帘石，形成如此的蓝色。现市场上价格十分昂贵，但又难见到，所以珍稀。

40. 紫云冻

紫云冻是巴林冻石彩色冻类中的上品。该石以灰白色、青白色或白黄色为主，石面上有形状不规整的紫色、绛紫色、黑紫色的过渡色，形成的山状、岩石状、松涛状或云水状画面，好似美丽生动的山水画，令人惊叹不已，也有人称之为"美石"，或"紫夕冻"、"紫鸡血"等。该品种属绵料，质地细腻脂润，呈微透明状，蜡脂光泽。也有非透明的，称"紫云石"，其色调中绛紫色明显，反差度强，色彩协调，不论加工印章或制作雕件，还是磨自然形，都能呈现出千姿百态的秀色。该品种于1982年在一采区

▲ 红水草冻自然形
规格：12 × 8 × 3.5 厘米
估价：180 万元（在《巴林鸡血石》一书中已出现，但参考价有误，特更正）这方石头是巴林鸡血石中的珍品、绝品，也是巴林冻石中水草石之王

▲ 水草冻自然形
规格：12 × 8 × 3.5 厘米
巴林冻石中的奇特品种

▲ 蓝天冻自然形
规格：2.8 × 6.5 × 12 厘米
巴林石中珍稀品种，市面上见不到

▲ 紫云冻《雄狮》观赏石
规格：50 × 30 × 9 厘米

▲ 巴林石青花冻随形石
规格：5 × 3 × 7.5 厘米

和四采区中产品，现仍有大量产品，是巴林冻石中的主要品种。其紫色的斑纹和各种图案是地开石中含锰和黑色的长砂，经矿化作用而形成的。市场经常见到，价格合理。

41. 云水冻

云水冻是巴林冻石彩色冻类的一种。其特点是由多种色彩组成细腻的纹理，呈现出似天空彩云翻卷飘动，大地江河惊涛拍岸，或似天然行云流水等壮观景色，故名"云水冻"。云水冻微透明，其颜色不固定，有红黄、青灰或灰等多种。云水冻为脆料，质地细腻脂润，微透明状，石蜡光泽，适宜加工各种印章和雕刻自然形等艺术品。该品种于1982年在一采区1号采坑产出，后来在四采区也有发现，现在仍有产品，市场上也常见。其主要是地开石中含有原岩条状的构造，从而形成各种水波纹和彩云图案。

42. 紫曦冻

微透明至半透明，深紫红色，如同煮过的红小豆汤。细腻纯净，性绵无裂，极为端庄，是比较难得的品种。

43. 晨曦冻

晨曦冻是巴林冻石清色冻类中的珍贵品种。该冻石以赭色为地子色，在色彩柔和的暗地子色中出现微透的日光黄色，好似晨曦，故名"晨曦冻"。细品之，令人感到紫气东来，祥云普照的意境，蕴含着士气十足、奋发向上、欣欣向荣的韵律。晨曦冻属绵料，质地细腻脂润，微透明，油脂光泽，富有活性和动感。该品种于1988年在一采区2号采坑产出，数量极少，是比较珍贵的品种。其品种是在地开石石体中，有褐铁矿和钛离子均匀浸染，经过长期矿化作用而形成的。

44．怡情冻

这种冻石的特点是在一块冻石上有两种颜色，一面为暖调子的粉红色，一面是冷调子的青色，并含有细微的斑点，粉红色部分犹如日丽中天，带细微斑点的部分如迷蒙的雨水。刘禹锡有句诗"东边日出西边雨，道是无晴却有晴"，可作为该石的写照。黄任写石："怡情到老同燕玉，好像于君似国风。"方家给此石取名"怡情冻"，亦给恋人们互相表达心意提供了方便。

45．玉带冻

在巴林冻石上，拦腰有一条更为透明的冻石，似玉带，故名"玉带冻"。

46．彩霞冻

又名"光冻"，是巴林冻石清色冻类中的极品。该冻石以淡红色为主，有阳光色或粉芙蓉色等纹理，色彩鲜艳、绚丽。虽然不如彩霞红鸡血石色彩娇艳，但色泽凝重，具有一种朴素的美，庄重的美。细品之，彩霞冻更具有宝石的魅力，更富有天然的灵性，红色的彩霞似火不是火，比火热烈；似血不是血，比血润艳；似玉不是玉，比玉华美，故令人爱不释手。彩霞冻属绵料，质地细腻脂润，半透明，油亮光泽，适宜制作各种艺术品。该品种于1989年在一采区1号坑中产出，数量有限。以色彩鲜艳纯正、质地半透明者为上上品，也是十分珍贵的品种。其主要是纯净的地开石矿体侵入赤铁矿和辰砂，均匀分布其中而形成的。

47．虹霓冻

虹霓冻是巴林冻石彩色冻类中的精

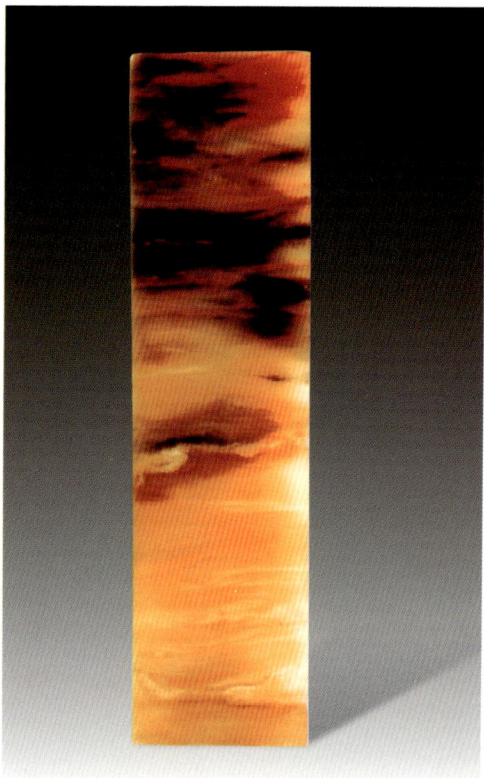

▲ 云水冻方章
规格：3 × 3 × 14 厘米

▲ 晨曦冻自然形
规格：20 × 15 × 3 厘米

巴林石

鉴赏与投资

Balinshi Jianshang Yu Touzi

品。该品种以虹霓色为辅，以绛红色、土黄色、青紫色等为辅，组成多彩多姿的纹理。色彩艳丽柔和，色调繁而不杂，多色纹理作曲线或条状形分布，让人想到雨后天空中的彩虹，故名"虹霓冻"。虹霓冻属绵料，质地细腻脂润，不透明，蜡脂光泽或暗淡光泽。该品种于1980年在四采区大彩坑产出，现仍有出品，产量不大，市场上可以见到。其主要是地开石中混杂着赤铁矿和褐铁质而形成的。

48. 卵石冻

卵石冻是巴林冻石彩色冻类中的一个品种。该冻石以灰色、青黑色和土白色等色为地子，也有土黄色、青灰色和灰白色等地子。石上纹理为大小不等的卵石状，一般都为土黄色或土白色，与地子色有较大反差，十分清晰。这种装饰意象犹如清澈的河水缓缓地流淌，露出河底块块卵石，令人心情愉悦，故名"卵石冻"。卵石冻属绵料，质地细腻脂润，微透明，油亮光泽，适宜加工印章和艺术作品。该品种于1980年在三采区18号采坑中产出，后在一采区和四采区也有产出，但数量不多。这是主体巴林石，受构造破坏变成浑圆状的地开石角砾后，被热液上侵交代而形成的。

49. 飞瀑冻

飞瀑冻是巴林冻石彩色冻类中的华美品种。该冻石主色有灰青色、棕灰色，也有土黄色和粉白色等，石面上有白色流动感很强的纹理，给人以瀑布飞泻之蔚然壮观的装饰意象，故名"飞瀑冻"。飞瀑冻属绵料，质地细腻脂润，半透明，油脂光泽，最适宜加工印章或打磨自然形。该品种于1996年在三采区大采坑中产出，

产量较多，而粉白色的地子如果加热超过100℃以上就会褪色，变成棕黑色。其是高岭石为白色波涛，地开石为质地主色调，热液按矿脉的劈理交代不充分而

▲ 晨曦冻方章
规格：2.7 × 2.7 × 9 厘米

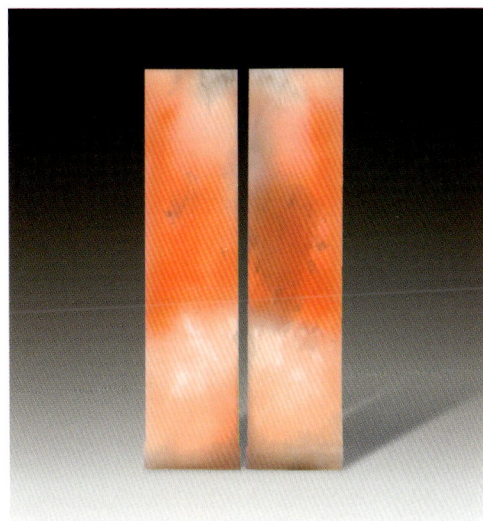

▲ 彩霞冻对章
规格：5 × 5 × 20 厘米　　巴林冻石中的珍贵品种

形成的。

50．流沙冻

流沙冻是巴林冻石彩色冻类中又一佳品。该冻石有以绛红色为主的，名为"黄沙冻"；有以赤黄色为主的，名为"金沙冻"；也有以藕色为主的，名为"银沙冻"等。每种流沙冻都由清晰的细沙粒组成沙滩、沙丘或沙漠的装饰意象，均匀分布于整个石面，富有活性和动感，令人遐想万千，拍手叫绝。流沙冻只有一种色调，以色调的深浅、轻重来显现出沙色。一般都是沙色浅，地色深或地色浅，沙色深。流沙冻属绵料，质地细腻脂润，微透明状，油脂光泽，纹理明亮闪烁，有立体感，适宜加工印章和圆雕艺术品。该品种于1980年在四采区大采坑中产出，其他采区也有出品。其流沙动感是由地开石和高岭石融合矿体构造上的片理和劈理，按断续分布和定向组体排列所形成的。

51．雾凇冻

雾凇冻是巴林冻石彩色冻类中的又一上品。该冻石呈半透明状，石体中呈现出褐黄色或灰黑色为主的色调。勾画出时隐时现的冰枝玉叶，而枝干上似散挂着串串白色的露珠，随风摇曳，串串晶莹，犹如秋雾，白茫一片，给大地和树木披上一层神秘的面纱，朦胧幻影，富有动感。此冻石的材质属于绵料，适宜加工印章。该品种于1981年在一采区1号采坑中采出，数量极少。其主要是由于地开石为主的成分侵入部分高岭石，从而形成了雾凇状。

52．檀香冻

檀香冻是巴林冻石彩色冻类中的又一珍奇品。该冻石以紫檀色为主，有紫黄色颗粒或斑点作不规则的分布，形成像天然

▲ 虹霓冻自然形
规格：30×15×3厘米

▲ 卵石冻对章
规格：3×3×10厘米

巴林石

鉴赏与投资

Balinshi Jianshang Yu Touzi

紫檀木状的装饰意象，故名"檀香冻"。檀香冻色调不杂，紫黄两色，有明有暗，互相衬托补色。细品之，犹如块块古老的檀香木，埋藏地下几千年，出土后还幽幽木香浓，不减当年的风韵。檀香冻属脆料，硬度适中，质地细腻脂润，非透明状，油脂光泽，适宜加工印章，也可制作雕件。该品种于1996年在一采区1号采坑中产出，后在四采区的大采坑中产出较多。其主要是地开石为主的石体中残留了一些褐铁矿的黄色高岭石斑块，经过矿化作用而形成的。目前市场上可以见到。

53. 胭脂冻

胭脂冻也是巴林冻石清冻类中的极上品。胭脂冻因通体为白粉色或粉红色而得名。色调柔和，犹如神来之笔所画的少女妆，白里透着淡粉，粉里透着胭红，文静典雅。该品种属绵料，质地细腻脂润，呈微透明状，油脂光泽，适宜加工印章和各种工艺品。市面上价格昂贵。该品种于1990年在一采区3号石洞中产出，产量不大，与桃花冻和艳粉冻相伴生。其是以地开石质为主，均匀分布的赤铁矿颗粒，经矿化作用而形成的。

54. 蜡 冻

此种巴林石在显微镜下看，其纹路像植物叶子的筋脉，其滋润程度似有蜡性。这种冻石集中体现了此石的第二特征——白色，似石蜡般半透明。与瓷白冻相比，瓷白冻无油性，这种冻石似有油性，故称"蜡冻"。

55. 墨 冻

这种冻石颜色墨黑，色调纯正无杂，做大章料色浓，做小章料色淡，是巴林冻

▲ 流沙冻方章
规格：3.5 × 3.5 × 12 厘米
估价：2 000 元

▲ 飞瀑冻自然形
规格：3 × 5 × 7 厘米

石中的上品，命名为"墨冻"。

56. 墨玉冻

墨玉冻是巴林冻石清冻类中的极上品。该品种通体为墨黑色，色调纯正，无半点杂色，石质如玉，故名"墨玉冻"。墨玉冻主要是以单一的墨黑色取胜，属绵料，质地细腻脂润，不透明，色泽凝重，光泽如玉，用来做圆雕或加工印章都是精品。此石富有神韵，细品之，给人一种守节固本、刚正不阿的感受。其主要是高岭石中均匀地分布着锰元素所形成的。该品种早于近代产出，产出地点为采区的五彩坑，但产量少，市场上也很难见到。

57. 凝墨冻

凝墨冻是巴林冻石黑彩色冻类中又一极品。该品种通体为浅墨色，时有呈现不规则的水青色石面，好似用墨淡染的水面，有浓有淡。细观之，该品色彩比墨玉冻淡，比牛角冻又浓，犹如浓墨滴入水中，给人一种欲止还流，欲流还止，难分难融之感，故得此名。凝墨冻属绵料，质地细腻脂润，微透明，油亮光泽，适宜加工印章或巧色雕刻。该品种于1979年在一采区1号采坑产出，后在四采区也偶有产出。尤其是墨色淡动感强烈的凝墨冻石在市面更不多见，更显其价值。其主要是地开石质的冻石和黑色的高岭石经长期矿体作用，保留原来的色彩所形成。

58. 连环冻

连环冻是巴林冻石彩色冻类中的妙品。该石体底色有多种，大凡冻石中出现黑色或白色圆环者，都叫"连环冻"。黑色、白色圆环的直径一般只有1~3毫米，环圈的色彩与底子色很分明，但白色圆环多于黑色圆环。连环冻以一种奇特的装饰意象吸引着人们，留给人们广泛的联想空

▲ 雾淞冻自然形
规格：3×3×10厘米（左）4.5×9厘米（右）

▲ 檀香冻雕《天女散花》
规格：30×20×6厘米
冻石中珍稀品种

▲ 半透明、微透明和非透明的巴林冻石

间。连环冻属脆料，质地细腻脂润，呈半透明状。以地子中无杂质，或杂质少，而连环清晰的为上品。连环冻石无大材，最大面积也超不过8平方厘米，适宜加工印章和打磨自然形。该品种于1992年在一采区3号石洞中产出，数量不太多，特别是质地干净，环状明显的精品，市场上更少见。其是高岭石矿受构造影响成角砾后，热液上侵把角砾变成浑圆状分布在石体中，又被地开填充后形成。

59. 金箔冻

金箔冻是巴林冻石彩色冻类中又一奇品。该品种以灰色、灰黑色为主色，无规则地分布着一层片状的黄色石质，恰似镶嵌的金箔，故名"金箔冻"。金箔冻为绵料，质地细腻脂润，呈半透明状，玉石光泽，适加工成印章或自然形。该品种于1991年在一采区的斜井和四采区中产出。其主要是大量的地开石交代不彻底，形成颜色的反差，黑灰色和灰色是含锰元素，而黄金色则是含有褐铁。目前该品种市场上常见，价格合理，而以金色呈薄片状分布均匀者较为珍贵。

60. 斑冻

这种冻石自身遍布斑点，有的局部有斑点，其斑有的像豹点，有的像鹿点，故

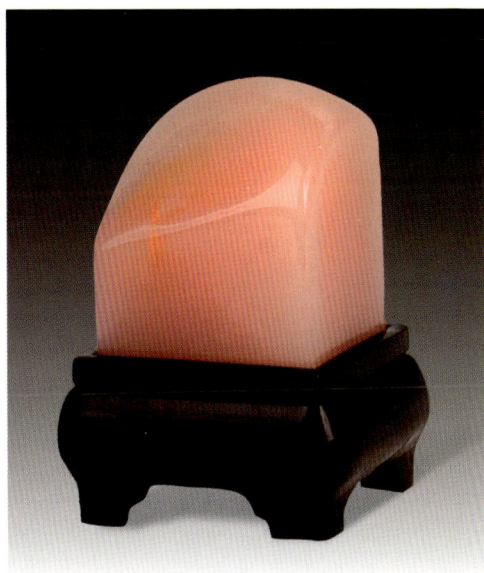

▲ 胭脂冻斜头扁章
规格：4.9 × 4 × 5.4 厘米

▲ **墨玉冻方章**

规格：2.8 × 2.8 × 15 厘米

估价：5 000 元

▲ **墨玉冻《青龙》摆件**

规格：10 × 8 × 4.5 厘米

冻石中的珍贵品种

名"斑冻"。斑点透明者为巴林冻石的中品，斑点不透明者为巴林冻石的下品。

61．瓷白冻

这种冻石外观像白瓷一样，洁白，光泽，半透光，故名"瓷白冻"。

62．朱砂冻

朱砂冻是巴林冻石清色冻类中极上品种。该冻石以朱红色或大红色为主，色彩凝重纯正，无杂色。因石体内含红紫色的微细构造砂粒，其色彩比地子色深，看起来似朱砂均匀地分布在石体中，故名"朱砂冻"。朱砂冻属绵料，微透明，质地细腻脂润，玻璃光泽，十分亮丽，最适宜加工各种艺术品和精雕。该石于建矿时就有产出，地点为三采区。石质偏硬，产量极少，无大材。其是在地开石质中均匀地分布着赤铁矿颗粒，呈浸染状分布而形成的。此品种为珍贵品种，价格高于普通鸡血石。

▲ **凝墨冻自然形和随形章**

规格：5 × 2 × 8 厘米(左)　2.5 × 2.5 × 9 厘米(右)

63．玛瑙冻

玛瑙冻是巴林冻石彩色冻类中的珍贵品种。该石因色彩、质地和光泽都似玛瑙而得名。多见白、红、黄、黑等色条状在一块石上呈现，条状有宽有窄，若连若断，

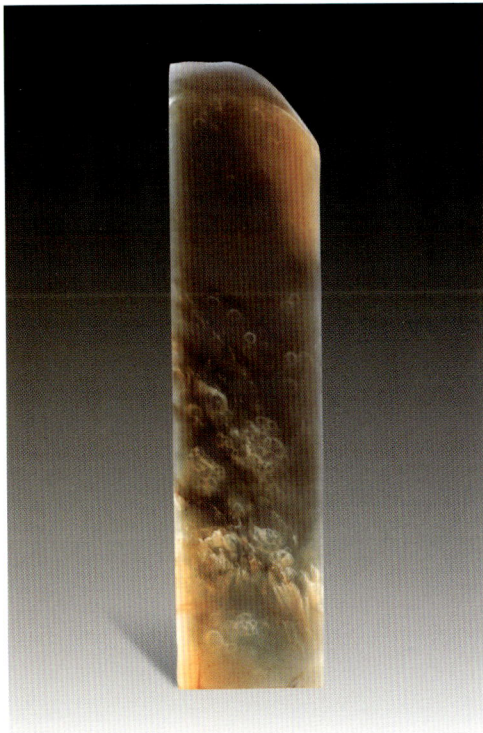

▲ 连环冻方章
规格：2.5 × 2.5 × 10.5 厘米
巴林冻石中奇特品种，价格较高

▲ 金箔冻方章
规格：3 × 3 × 9 厘米

犹如彩带随风飘动，向人们展示美丽的姿容；又如雨后的彩虹，五彩缤纷，令人赏心悦目，心旷神怡。玛瑙冻石属于绵料，质地细腻脂润，呈半透明状，油脂光泽，闪亮夺目，一般都作为美石欣赏，而不用于雕刻。该石于1989年在一采区1号采坑中产出，在四采区也有发现，产量极少，同芙蓉冻石相伴生，为珍贵品种。其成因同芙蓉石相同，而不同的条带色彩是矿脉中所含的化学元素不同所致。

64．水晶冻

水晶冻是巴林冻石清冻类中的极上品。此品种极少产出，多夹有杂色，内部时有絮状白斑，且无大的块体，故较纯净者无论方章还是随形都为珍品。主要以水白色的地子为主，有淡黄色、灰白色、清冰色等。透明度好，近似冰块，晶莹明亮，酷似水晶，冰心玉骨，故名"水晶冻"。一般来说，凡透明度好的巴林冻石都列入此品。水晶冻多为绵料，少有脆料，质地细腻泽润、净透，无杂质，光泽明亮，透感强，非常华美。细观之，有清风明月之感，又有清淡如水的情韵。该品种于1986年在一采区4号和5号采坑产出，产量较少，无大块材，净透者更少。此材属脆料，保护不好易裂，最适宜用来加工印章。其主要由纯净的水铝石组成，在矿脉上层的胶体物质交代下形成。

65．黑旋风

通体乌黑，微透明至半透明，黑色为正黑，如同煤精者最佳。石质细润，犹如婴儿之肤，令人有触摸欲。如大部分黑色少部分其他颜色，界限分明，则别具情趣，更能体现此石之精妙。所产甚少，为珍贵品种之一。

▲ 瓷白巴林石《天鹅湖》摆件

▲ 连环冻自然形方章

规格：2.8×2.8×10厘米(左)　4×4×5.5厘米(右)

▲ 巴林冻石朱砂冻钮章

规格：5×7×3厘米

66. 灯光冻

灯光冻是巴林冻石清冻类中的极上品。上品石5厘米厚，中品石3厘米厚，是较巴林黄更为透明、灵气的一种黄冻石，色有浅黄至棕黄，往往杂有不透明的黄石斑纹，如鸡蛋汤中浮游着的鸡蛋黄。因透明度很高，在阳光或灯照下，灿若灯辉而得名。巴林灯光冻是不是依据"青田石灯光冻"而获名，至今无法考证，但巴林灯光冻并不比"青田石灯光冻"差。由于灯光冻一般采自岩石的夹缝中，大材难得，又有人称为"夹板冻"。灯光冻属绵脆相间料，质地细腻脂润，晶莹闪烁，呈微透明，光泽柔和，适宜制作印章或雕件。该品种于1989年在二采区和四采区产出，与荔枝冻石相伴生。其是火山喷发时，巴林石矿床在高温热力作用下，矿体液浆渗入岩石的裂隙后而形成的。以透明度高，无杂色，颜色稍深者为上品，极富收藏价值。现市场亦能见到，其价比较合理。

67. 酱油冻

半透明，深棕色，纯净无杂色，质地细润，色泽稳重深沉，很少绺裂。但没有较大的块体产出，多见共生于其他石种之中的冻线，所以无论整体或局部为此特色的冻石均可称酱油冻。

68. 灵光冻

这种冻石为巴林冻石的珍品。颜色不限，只求一方图章整体为单一颜色，莹透，纯净，柔润，无杂无绺无脏色，引用佛学语言称为"灵光冻"，俗称"纯冻"。

69. 金银冻

金银冻是巴林冻石清色冻类中的上品。该冻石一面为黄色，另一面为白色，黄白相间，界面明显，有的有左右之分，有的有上下之分，还有的有多少之分。黄为金黄，白为银白，故名"金银冻"。金、银两色纯正，净洁，无杂质。金银冻属绵料，质地细腻，脂润滑嫩，呈透明状，富有诗意和灵性，油脂光泽，制作各种艺术品都是上等石材。该品种于1978年在一采区2号采坑中产出，同福黄石相伴生，产量不高。以黄白相间，色调柔和，色彩鲜明，质地透润者为上上品。其是以地开石为主体的，侵入铁离子和色素离子而形成的。

70. 夹板冻

这种冻石是石中之冻，佳者为冻中之冻，即是在一般的巴林石中夹有一条冻石，或是在一般的冻石中，夹有一条更好的冻石。这夹在冻石中的冻石，极为纯

▲ 水晶冻雕件
规格：14×8×15厘米

净，无杂、透明，是巴林冻石中的精品，命名为"夹板冻"。

71. 彩 冻

这种冻石颜色丰富，无规矩和定局，混混沌沌，分不出以哪种颜色为主，其透明度佳者可入巴林冻石中品，透明差者则入下品，此冻石称为"彩冻"。

72. 三元冻

三元冻是巴林冻石彩色冻类中的珍品。该品种的特点为冻石上有黑、白、黄或黑、白、红三种颜色，而三种鲜明色彩在同一块石体中互不相混，又交相辉映，方称此品。《太平经》中云："太虚元气，涵三为一。"道教更有"太一三元"和"三气之说"，老子也主张"三生万物"。这个"三"就是阳、中、阴三元，在颜色中为品红、黄、青，亦称为"三原色"。因此，一方冻石上有品红、黄、青三种色调的，就命名为"三元冻"，以区别于"刘关张"。有的颜色不是品红、黄、青，而是品红、黄、白，此种情况

▲ 玛瑙冻自然形
规格：5×7×3厘米

▲ 黑玉冻方章
估价: 5 000 元

▲ 巴林石灯光冻钮章
规格: 3.7 × 1.1 × 6 厘米

▲ 巴林石酱油冻方章
规格: 2.6 × 2.6 × 10.5 厘米

在冻中可称为"三清冻",在石中可称为"三清石"。系取自神话故事: 救苦天尊坐骑是红毛狮子,汉钟离祖师骑的是黄虎,吕纯阳祖师骑的是白鹤,取其坐骑颜色红、黄、白。三元冻属绵料,质地细腻脂润,呈半透明状,光泽如玉,适宜打磨自然形或加工印章,也可做雕件。该品种在1975年就有产出,各采区都陆续出品。其成因主要是矿体热液上侵,使交代充分的地方成白色,不充分的地方成黑色,保持原岩颜色的红或黄是未来得及交代的色彩。以比例均匀,色彩分明者为上品,目前市场上不难见到。

73. 五彩冻

一种花冻石,半透明,各种颜色纠缠在一起,并无定式,色彩变化很大。很少有颜色花纹相同者。与玛瑙冻相比,此品种较少条纹,只是边缘有过渡色的色块混合在一起,形成斑斓的色彩。此品种由于色彩繁乱,雕刻制钮视觉主题不突出,故只适于观赏实用。

74. 多彩冻

多彩冻是巴林冻石彩色冻类中又一佳品。特点是以绚丽多姿的色调,勾勒出非常动人的画面,有山有水,有云有雨,有日出,也有月明……色调艳丽,图案新奇,故名"多彩冻"。多彩冻以色彩鲜艳,色调鲜明,颜色搭配协调者为最佳。如红、白、黑色或黄、粉、灰色,还有彩霞色和黑白色浑然一体等。这些天然的色调搭配成一枚枚印章或一个个自然形摆件,令人叹为观止,爱不释手。 多彩冻属绵料,质地细腻脂润,微透明,瓷釉光泽,适宜加工印章和打磨自然形。该品种是巴林石矿中主产品种,数量极多,历代都有生产,现各采区仍有生产。其主要是矿体后期交代溶蚀作用小,而多种元素渗透其中所形成的。目前市场上常见,价格合理。

75.十色冻

这些冻石比较普遍，除颜色外无其他特征。颜色以单色为主，其他色为次，透明度较好。共有10种，即碣冻、碣红冻、红冻、淡红冻、黄冻、板黄冻、淡黄冻、青冻、青黑冻和淡青冻。

76.十色半冻

这些石材特点为：颜色方面如十色冻，质地只能够半冻。因为这类冻石，在一半石章上，只有一半左右的冻石，其他为普通石或杂质石。共有10种，即半冻、红半冻、淡红半冻、黄半冻、板黄半冻、淡黄半冻、青半冻、青黑半冻、淡青半冻和杂色彩半冻。

77．一线天冻

同玉带冻相仿。区别在于冻石章中，立着一条更为透明的冻石，上下贯通，故名"一线天"。

▲ 金银冻钮头扁章
规格：5 × 3.5 × 15 厘米

▲ 巴林多彩冻石《八仙过海》摆件
规格：24 × 2.2 × 13.5 厘米

▲ 巴林石夹板冻钮章
规格：3.3 × 3.3 × 12.5 厘米

▲ 三元冻自然形
规格：10 × 6 × 3 厘米

三　巴林彩石

巴林石中，凡不透明，单色或多色的矿石均归彩石类。彩石多产于矿区中和东部。其明显特征是色彩丰富，纹理千差万别，质地细腻，判若凝脂，不透明。此种石以色彩见长，绚丽多姿，富于情趣，

▲ 多彩冻《五福临门》摆件
规格：30 × 16 × 4.3 厘米

常伴有天然图案隐现其中。尤其切割之后，时时会呈现出意想不到的景物，形在似与不似之间，引人想像，抒人情怀。有的图案十分逼真，令人惊叹；有的一团色彩，一派抽象韵味；还有的干脆就是一幅山水画。此类石种也适宜切割成对章，拼对出的图案更是千姿百态，且非常对称，人物、动物、昆虫、花卉都栩栩如生。其中一些品种石质优良，富有特色，丝毫不逊于上等冻石。此类石种也分脆料、绵料，各品种间石质优劣悬殊较大。目前发现的主要有百余种，是雕刻工艺品、制作高档印章的优秀石材之一。

▲ 具有各种光泽的巴林冻石

▲ 色彩变化多端的巴林冻石

巴林彩石数量相当丰富，按其石质和色泽，可以分为纯色彩质和多色彩质两大类。每类彩石都有优劣品、绝妙品、上下品等。纯色彩质是指质地色调纯正，色相单一的巴林彩石，如瓷白石、牙白石、白云石、黄金石等。这些石种不论什么颜色，不论过渡色深浅，只要主色调纯正、均匀、统一，就可确定为清彩石。多色彩质是指质地丰富多彩的巴林彩石，如红花石、黄花石、玉线石、豆沙石、蛇纹石、金砾石、杏花石、天星石、木纹石、金银石、黑白石、豹皮石和泼墨石等。多彩石的品种很多，一般石面上有两种以上色调的彩石都属于此类。以目前所发现的品种来看，巴林彩石分为这两大类，就足以囊括全部了。这种分类法，更有利于巴林彩石鉴别与赏析，是一种科学的分类方法。

▲ 巴林石文颜冻石方章
规格：2.5 × 2.5 × 8 厘米(左)　　2.5 × 2.5 × 6 厘米(右)

巴林彩石有的品种，如杏花石、瓷白石、朱砂石、白云石等，要好于鸡血、福黄、冻石的一般品种。也有很多绝品，如黑白石、金银石等。有的巴林彩石也非常可人，如多彩石、红花石等。有的巴林彩石的色彩动感强，韵律非常优美，如玉线石、流沙石、流纹石等。还有一些巴林彩石，以纹理奇异，意境深邃为特色，如佛香石、针叶石、烟花石等。

1. 山黄石

通体黄色，近似寿山连江黄石，而色泽逊之，但无裂，基本不透明，石质柔和易受刀，以无杂质无条纹者为佳。适于雕刻人物、动物，能够很好地表现肌肉群，其雕刻往往能成为艺术精品。质纯块大的石料产出较少。

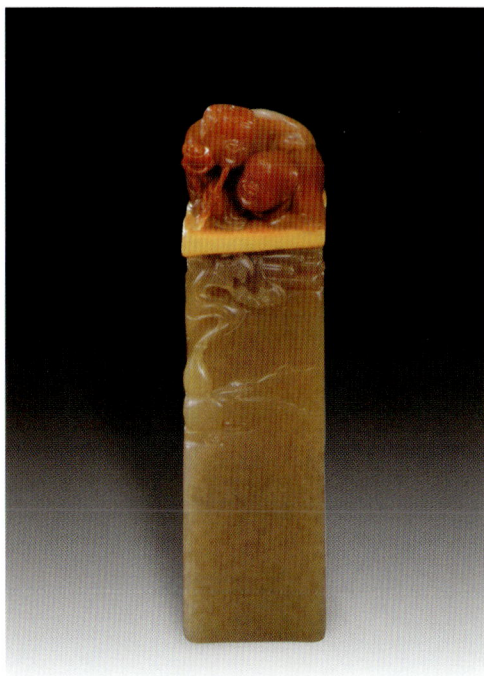

▲ 巴林石文颜冻石钮章

2．石榴红

多为不透明，颜色为黄红色，红中泛黄。不坚不燥，沉稳端庄，质感良好，是受人们喜爱的雕刻石料之一，也是巴林石中可收藏的名石之一。与红花石、黄花石的区别为：此品种基本不带条纹，似红非红，似黄非黄，近似于石榴将近成熟时的颜色，较为少见。通体为此色者为上品，色彩不杂者为佳品。

3．红花石

红花石是巴林彩石多彩石类中的最佳品种，为微透明至半透明冻石。色彩热烈奔放，犹如姹紫嫣红、争奇斗艳的花丛，故名"红花石"。花纹颜色为淡红、深红或锈红色，有云纹、条纹、斑纹，排列较乱，且易褪色，系浸染赤铁矿形成。石质为污白、白绿等杂色地子，细腻光滑，长白山中也产此石。切割后色彩图案丰富。石性较脆，硬度稍高，温润程度也较差，个别石料有绺裂现象，适于实用，花纹美丽者可用于观赏。考古发现在青铜时代就有用此石品雕刻的石杯，可知此石品历史悠久。现在二采区4号采坑和其他采坑中也有产出，常有大材，适宜加工各种艺术品，是制作大型雕件的上等好材。其

▲ 多彩石类的自然形印章

▲ 质地透明的红花彩石方章和自然形印章

形成以叶蜡石为主，有高岭石混入，主色调含铁。

4. 黄花石

黄花石是巴林彩石多彩石类中的佳品。该石以黄色为主，略有一些红色、紫色的过渡色或其他色斑点等，犹如塞北晚秋的大草原，处处金黄再现，片片霜红缀彩，故名。此石不透明，浅黄色间有深黄色纹理，光泽如玉，质地温润细腻，色泽凝重，纹理呈现出硕果累累、一番秋色的装饰意象。石性有绵有脆，硬度稍高。白至奶白色，轻浮艳丽，质软细腻，偶见微透明层纹或乳白色微透明纹贯穿其间，材小易变色，比较难得。适于观赏或实用，特别适宜切割成对章。该品种于1989年在二采区露天采坑中产出，数量较多。此后年年都有生产，也有大材，适宜作大型雕刻之材，也是制作印章的上等材料。其构成以高岭石为主，内含少量褐铁矿和赤铁矿。现市场上出售品种较多，价格合理。

5. 黑花石

不透明，在白棕黄等颜色的地子上

▲ 巴林山黄石《五子献寿》摆件
规格：28×28×12厘米

分布纯黑色的条纹，蜿曲于石间，十分美丽。石质温润，硬度适中，极少出现绺裂，适于雕刻之用。只是所产不多，较难得，多作为美石观赏，随形效果优于方章。

6. 紫云石

紫云石是巴林彩石多彩石类中的妙品。该石以白色、灰色、红紫色为主，基本不透明，白色地子上饰满紫色花纹，

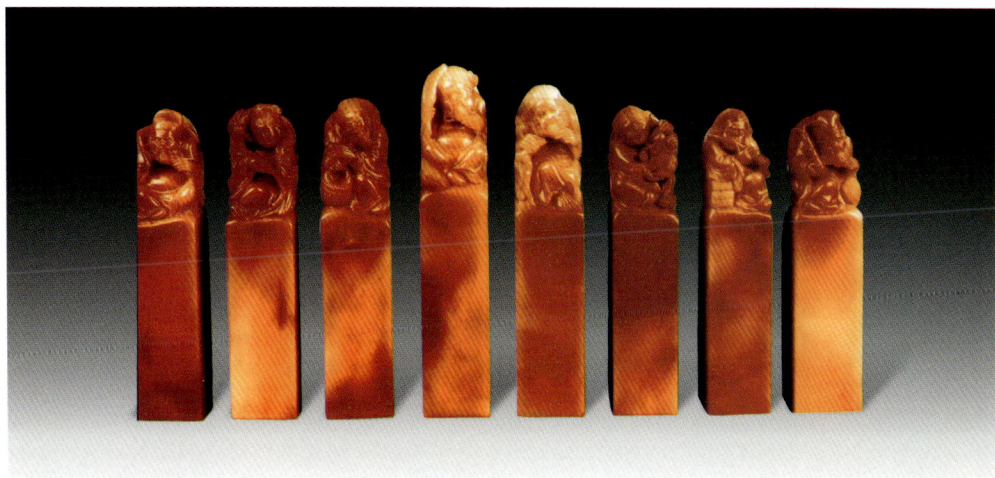

▲ 石榴红石钮组章

▲ 红花石自然形组合印石
估价：每千克原石3 500元

▲ 黄花石随形章
规格：3×2.8×6厘米（左）　3×2.7×6.3厘米（右）

同时又混合着黑紫色的斑块和线纹，常有水墨图案出现。尤其切面上，景物壮观，韵味丰厚，其中多构成奇幻的装饰意象，或似彩云飘飘的天空，或似峻岭叠峰的山谷，或似茂密的山林，或似紫气环绕的草原。一幅幅艳丽多姿迷人的画面，令人遐想，体味到诗中有画、画里藏诗的意境，是不可多得的大自然的艺术品。紫云石属于绵脆相间料，质地细腻温润，玉石光泽，色调鲜艳分明，硬

度略偏低，不易产生绺裂现象。有远近色、深浅色之分，适合制作印章、山子、镇纸、自然形摆件等，亦可为观赏美石。该品种于1981年在一采区1号采坑产出，后四采区也有出品，产量较高。其主要是高岭石体中含锰、铁元素，形成紫色的图案，故名"紫云石"。

7. 银金花

银地金花，不透明，牙白色。通体或局部布满黄色斑点，且斑点大而均匀者为最佳。石性温和，极少绺裂，不易风化，但硬度较低，不宜雕刻镂空的雕件，而适宜制作浮雕。

8. 朱砂石

朱砂石是巴林彩石清彩石类的上上品。该石通体为紫红色相，紫深红浅，色调纯正统一，纯洁无杂，犹如大量的固体朱砂，故名"朱砂石"。朱砂石属绵料，不透明，质地温润细腻，色调凝重，纹理有红紫相依、瑞气冉冉的装饰意象，是一个很有灵气的精妙品种。该石打磨后光泽如玉，硬度适中，易于受刀，是制作印章或摆件的上等材料，如得取一方尺寸满意的印章则极为珍贵。该品种于1976年在

三采区产出，数量不多，大材少见。其成因是在高岭石为主的石质中，均匀地分布着赤铁矿颗粒，呈浸染状存在。目前市场上的价格很贵，如色正者则等同巴林鸡血石价格。

9. 象牙白

又名"牙白石"，是巴林彩石清彩石类中的上品。通体色为黄白色，比乳白还淡，比瓷白还浅，属于钛白色，色调纯正，好似象牙，故名"象牙白"。该石属于绵料，与瓷白石质地略同，吸水性较强，怕油浸或蜡污染，质地不如瓷白石，略显干，不透明，其较瓷白石软，适宜雕刻美女或观音菩萨像等，也是加工印章的最佳选材。细品之，有银装素裹的天然风骨，也有冰心白玉之魂魄，还有白纸一张的韵律，有待艺人去描绘。此石种较多见，但纯正者不多。该品种最早于辽代时就有产出，现在于三采区13号采坑中同瓷白石相伴，仍有产出，产量较大，市面上常见。其构成以高岭石为主，叶蜡石为辅，石体略含黄铁矿质。

10. 豹子石

又名"豹皮石"，是巴林彩石多彩石类中的一个奇美品种。该石有上黄、灰白等多种主色，石面上均匀地分布着密密麻麻的白色圆点，有大有小，有密有疏，有深有浅，酷似豹子的斑纹，故名"豹子石"，也称之为"豹皮石"。全石或部分为黄色斑点或黄色斑纹，形状如豹斑，色调凝重，纹理偏粗。有啸傲山林、独占一方的霸气，又蕴含弱肉强食的兽性，非常美丽。豹子石属脆料，质地温润细腻，不透明，硬度适中，光泽如蜡般柔亮，最适宜雕刻豹子，制作印章也是佳材。此石雕刻虎豹类动物，效果惟妙惟肖，属珍贵品

▲ 紫云石自然形印石

▲ 韵律天然的巴林彩石自然形印石

种。细品味，具有令人面对现实，莫失良机，敢于拼搏，勇于挑战，获取成功的气魄，此石还具有灵性和动感。该品种于1974年在三采区18号采坑和四采区中产出，产量一般，时有大材。其主要是地开石构造中侵入大量的高岭石，成斑点状集中分布而形成。市场上经常可以见到。

11. 金沙地

在白、淡黄色微明肌理间，隐约可见似"金沙"星闪烁，分布均匀，其状如金、银粉。质地软硬不一，多为偏软石品，产于鸡血石脉附近，较罕见。

12. 鬼脸青

不透明，黑色中杂有黄灰色。石顽，不易开裂，含有砂钉，并多有金黄色金属点闪现（黄铁矿）。切割磨擦过程中会产生一种臭鸡蛋味，此是硫化氢遇热所致。此石品虽低劣，但巧用其色彩，雕品仍不失为佳作。

13. 水草花

此石为古植物化石，生有天然水草及松枝，若再有鸡血红色掺杂其间，更显其妙，以地子不杂色者为佳。此石不透明或半透明，石体呈浅色调，深色及红色极少。石体上面分布黑色或深灰色松枝样花纹。经加工磨光后，一串串水草，一枝枝松枝，清晰生动，跃然石上。水草花的黑色花纹，有的是古生植物蕨类化石，有的是成矿时锰元素沿裂隙渗染形成的。如水草花画面上再有点点滴滴的鸡血红，就更妙不可言，是收藏者必藏之物。

14. 巧色石

又名"俏色石"，各类品种中都有产出，只要是两种颜色为料石的主色调，即

▲ 金银石巧皮《寿星》
规格：11 × 8 × 4 厘米
巴林彩石中珍贵品种

▲ 朱砂石原石
重11.2千克
巴林彩石中朱砂石的精品

▲ 牙石白的方章
规格：3 × 3 × 10 厘米(左)　3 × 3 × 12 厘米(右)

为"巧色石"。两种颜色又分两种情况：一为两种颜色接触面十分整齐，如切割状，且反差强烈，此多为不透明品种；一为两色接触面不分明，其间有过渡渐变色带相隔，此多为透明品种。这种巧色石主要用于借色巧雕，其作品意趣盎然。若遇良工巧雕，堪称精品。其中，以色彩中无杂色杂质者为佳。

15. 象形石

也称为"巴林美石"，是一种带有象形图案的彩石。常见有蓝、灰、绿、棕、黄5种色为地子，石头表面分布呈立体的三维空间形式的图案纹饰。不透明、半透明品种都有。其色彩或素雅或绚丽，均能构成生动美丽的画面，有的如水墨国画，有的如彩色油画。或风景或山水或人物或动物或植物花鸟虫鱼，妙趣横生，还有的似抽象派艺术作品。此品种的观赏价值很高，宜于制作随形，块大形好景美者为佳，有图画景致者为佳，仅有花纹者次之。

16. 白矸石

多为白黄色，是叶蜡石矿脉的围岩。由于分布于叶蜡石脉之外，上面有时附着一些叶蜡石甚至鸡血石，只要巧加利用，略施小技，一块废弃的白矸石便可变废为宝。制作镇纸摆件，效果甚佳。

▲（上）金沙地方章
规格：3.5×3.5×15厘米
巴林冻石中的新品种，也是珍稀品种

▲（下）青云石方章
规格：3×3×9厘米
巴林彩石中的精品

▲ 豹子石《金钱豹》摆件
规格：35×15×5厘米

▲ 针叶石磨头章
规格：2.8×2.8×11.5厘米

▲ 针叶石自然形印章
规格：8×8×4厘米

▲ 葱绿石高浮雕件
规格：12×11×3.6厘米
彩石中珍稀品种，价格十分昂贵

▲ 泼墨石御玺
规格：7×7×9厘米

17. 金砾石

金砾石是巴林彩石多彩石类中的一个奇美品种。该石以白黄色、灰白色或浅黄色等为主，石面上有一个个金色浑圆状的角砾，大小不一，深浅不一，犹如一颗颗金珠随意洒落在石面上，光芒四射，耀眼夺目，故名。金砾石属绵料，不透明质，金砾光泽如玉，石体光泽为土状，质地温润细腻，色调对比强烈，纹理呈金珠镶嵌玉石中或金砾装满金山的装饰意象。该品种于1979年在一采区1号采坑中出品，现偶有出品。此石最适宜加工自然形，有大块切印章也是上好成品。其构成以高岭石为主，含褐铁矿物，金黄色的浑圆状角砾是溶蚀交代的产物。市面上价格合理，不难得到。

18. 银砾石

银砾石是巴林彩石多彩石类中华美的品种。该石常以黄白色、灰黑色或青灰色等为主，其中又均匀地分布着大小不一、方圆不定、疏密不等的银白色的角砾颗粒，故名"银砾石"。此石色调凝重华美，纹理有大地回春、山花烂漫的装饰意象，观之令人感慨万千。银砾石同金砾石有相近之处，属绵料，质地细腻温润，不透明。硬度适中，易雕琢，土状光泽，亮度一般。该石于1979年在二采区大采坑中出品，后其他采区也有出品，产量不高，无大材。质地纯洁，角砾清晰者为精品，市场常见，价格合理。其成因同金砾石相近，不同的是，高岭石角砾不含褐铁矿，而是保持原岩热液的灰白基色。

19. 天星石

天星石是巴林彩石多彩石类中的一个奇特品种。该石以灰黑色为主，也有土黄

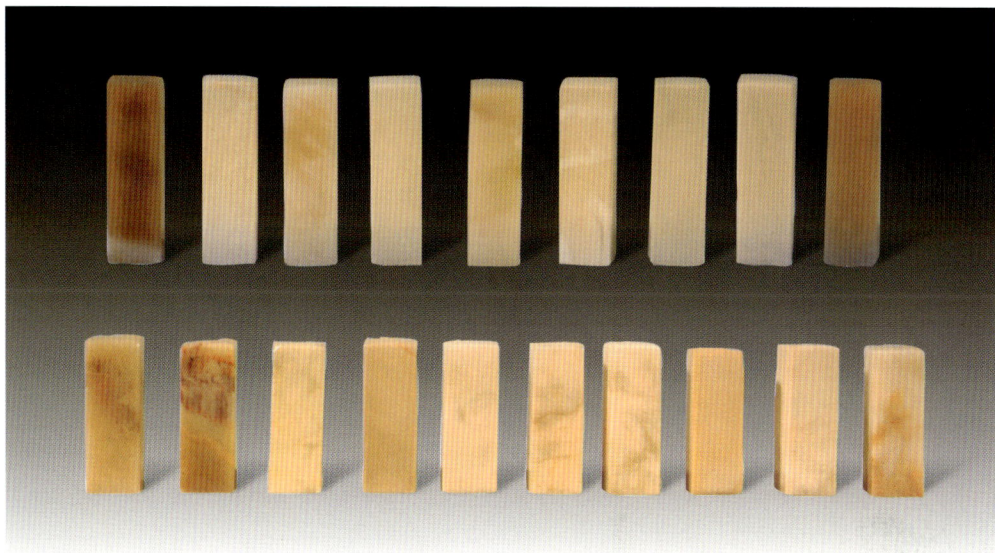

▲ 巴林彩石和牙白石组章
规格：2.5 × 2.5 × 6 厘米(上排)　2.5 × 2.5 × 5 厘米(下排)

色、灰色等。石面上布满了白色或金黄色小圆点，圆点之间互不关联。疏疏密密，潇潇洒洒，恰似灰暗的夜空挂满耀眼的繁星，故名"天星石"，也称"满天星石"。天星石属绵料，不透明，质地温润细腻，色调洁净，纹理较奇特，呈现出满天星斗的装饰意象，富有夜静星闪的宁静感。硬度适中，易受刀，玉石光泽，适宜加工印章或打磨自然形。该品种于1979年在一采区1号采坑产出，数量极少，为名贵品种。其是以高岭石为主，含有锰矿物，在成矿时没有浸染部分便形成这般星点状的圆点，其中以点圆粒大者为最佳。

20. 杏花石

杏花石是巴林彩石多彩石类中的一个极美品种。该石以淡粉色为主，有粉白色的椭圆形花点，犹如春天到来，满山遍野开放的杏花，故名"杏花石"。杏花石属于绵料，易保存，但若热处理过度，粉颜色就易褪。质地温润细腻，不透明，纹理呈现杏花盛开、群花遍野的装饰意象，让

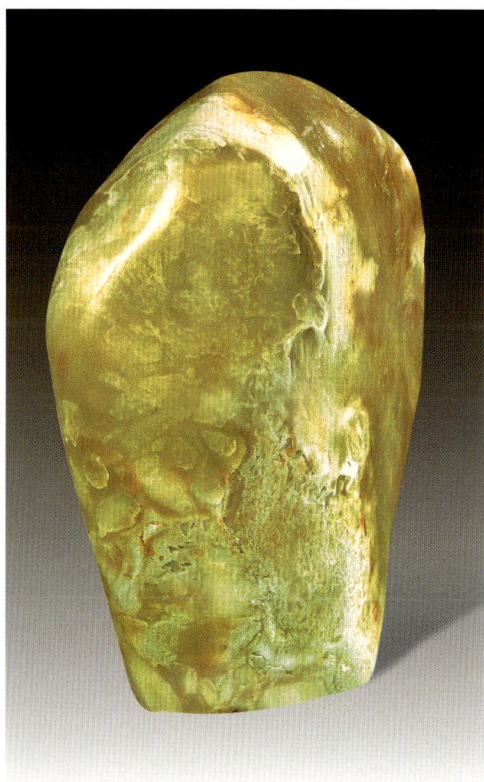

▲ 葱绿石自然形印石
规格：12 × 6 × 3 厘米
珍稀品种

▲ 金砾石自然形印章
规格：15×10×3厘米
巴林彩石中的奇品

▲ 银砾石自然形印章
规格：13×8×4厘米

人体味到春天来到，精神振奋之情感。该石打磨后光泽平淡柔亮，呈丝绢光，硬度适中，最适宜制作印章之材，按石质自然形状，打磨成形，更有天然的意趣，属上等佳品。该品种于1978年在三采区的大卧子中产出，数量几十吨，现已绝产。此品种以叶蜡石和高岭石矿物为主，含少量赤铁和锰元素成矿交代，形成粉白色的杏花丝状。

21. 瓷白石

瓷白石是巴林彩石清彩石类中的最佳品种。该石通体为白色，色调纯正，无杂色，犹似皓月照白雪，又似白菊衬白云，还似白土烧白瓷，故名。瓷白石属绵料，透明，质地温润细腻，怕油浸、蜡涂或手污。有白净如纸之韵，纯净如冰之态，风清如玉之魂。细品味，令人感到清风淡雅，冰心一片。该石光泽如玉，偏硬，但易打磨雕刻，适宜雕刻人物及加工印章等，也是用于微刻的最佳石材。该品种早于新石器时代就有产出，现在三采区13号采坑中有出品，主要成分是高岭石。该石产量较大，市场常见，价格合理，以大材为贵。

22. 咖啡石

咖啡石是巴林彩石清彩石类中的又一个佳品。该石以深棕色为主，略有一些浅红过渡色，石面颜色就像刚煮好的一杯咖啡，故名"咖啡石"。咖啡石属于绵料，易长久保存。不透明，硬度适中，光泽如蜡。质地温润细腻，纹理似雨丝。该品种于1996年在三采区的大卧子中产出，同紫云冻石一脉，偶有大材出产，但产量极少，属于名贵品种。其主要是以高岭石为主体的矿质中，均匀地充填了少量锰质微粒而形成的。

23. 木纹石

木纹石是巴林彩石多彩石类中奇特品种。该石以黄色为主，也有的以棕色或红木色、紫檀木色为主色。石面上有白色、棕色或木质色的条状纹或多环状纹，一条条，一圈圈，犹如埋藏地下几千年的树木化石，纹理清晰可见，故名"木纹石"。木纹石属绵料，不透明，硬度适中，光泽如玉，质地细腻温润，纹理像木纹，具有沧桑古朴的装饰意象，令人产生时光飞逝，人生短暂，需要百倍努力，才能实现理想的感受。该石于 1985 年在二采区 14 号采坑中产出，后在其他采区也有发现，有大材，适宜加工印章或连体章等。其是矿体构造作用形成片理，又经后期交代充填保留原岩痕迹而形成的。

24. 青白石

青白石是巴林彩石多彩石类中的奇美品种。该品种黑白两色同存于一个石体之中，黑色纯正无杂色，白色净洁明亮且耀眼，两色交会处无过渡色，对比鲜明，故名"青白石"。青白石纹理具有天然的韵律，呈现出黑白分明又浑然一体、相依并生的装饰意象。青白石属于绵脆相间料，质地温润细腻，光泽如瓷，硬度适中，易于受刀，适宜加工印章或打磨自然形。该品种最早于 1979 年一采区 1 号采坑中产出，后在其他的采坑中也有发现，现产量多集中在四采区，市面上常见，价格合理。黑白色特别纯正鲜明的品种不太多，其主要是矿体交代不充分所形成的。

25. 多彩石

多彩石是巴林彩石多彩石类中的又一个奇美品种。此石色彩丰富绚丽，多彩

▲ 天星石自然形
规格：14 × 10 × 3.4 厘米

▲ 杏花石自然形
规格：30 × 26 × 6 厘米

多姿，其色有红色、橙黄色、灰黑色、粉白色、黄绿色等，多则 10 余种，可谓五光十色，故名"多彩石"。色调亮丽又富有活力和动感，纹理呈现出似如一团团彩云随风飘动，或一簇簇鲜花争芳斗艳，或一片片彩霞祥光普照等装饰意象，令

▲ 瓷白石人物摆件
规格：10×6.5×3.5 厘米（左）　8×6×4 厘米（右）

人赏心悦目。多彩石属于绵脆相间料，质地温润细腻，光泽如蜡，有的如瓷，少透明，硬度适中，易保存，易加工，是制作印章、雕件或打磨自然形的上等好料。该品种在古代已有发现，各采区仍有产出。产量较多，有大材，色彩繁杂。由于石体含多种金属离子，后期交代溶蚀作用不均匀，故而形成了五彩缤纷的画面。

26. 金银石

　　金银石是巴林彩石多彩石类中的一个佳品。该品种只有白和黄两种色调，而两种色调均纯正无杂，黄白分明，也无过渡色，犹如一块黄金一块白银绞在一起，故名"金银石"。色调凝重，纹理奇异，呈现出满目金、银的装饰意象。金银相伴，是富贵的吉兆之相，让人想到富足生活的美好。金银石属于绵料，质地温润细腻，不透明，硬度偏软，土状光泽。该品种于1985年在三采区8号采坑中产出。其他采

▲ 咖啡石随形章
规格：4×4×8 厘米　巴林彩石中的特殊品种

区如今还没有发现，产量极少，为罕见品种。其是纯净的高岭石矿体中含有褐铁矿沿裂隙渗透浸染所致，浸染铁的部分

呈黄色，余下的部分保留了原白色。

27. 珐琅石

珐琅石是巴林彩石多彩石类中的又一珍稀品种。该石为深蓝色，与珐琅（又叫"景泰蓝"，因明景泰年间发明一种蓝色釉料，非常亮丽，故把这种掐丝珐琅和这种蓝色釉料都叫做景泰蓝）工艺品上所用的蓝色相同，故名"珐琅石"。色彩凝重华贵。细品味，此石典雅、高贵的蓝色，令人遐想万千。珐琅石属于绵料，质地温润细腻，不透明，硬度适中，光泽如玉，大块石材少，适宜加工自然形和雕件。该品种于二采区12号和21号采坑中产出，数量极少。市面上只发现几块，为珍稀品种，价格比较昂贵，是收藏者的抢手货。其主要是原蓝色的高岭石矿体中均匀地分布着绿帘石颗粒，在后期化学反应下形成的。

28. 泼墨石

泼墨石是巴林彩石多彩石类中的奇美品种。该石以灰白色、浅棕色或土白色等多种浅色为主，透染着不规则的块块黑斑，斑状大小不一，点斑不同，泼洒不拘，浓淡有致，犹如随意涂抹而就的水墨丹青山水画，故名"泼墨石"。色调凝重，纹理华美，具有泼墨画般的装饰意象，意境神逸，令人深思遐想。泼墨石属绵料，质地温润细腻，不透明，土状光泽，硬度适中，易于受刀，适宜加工印章或自然形。该品种于1976年在三采区大采坑中产出，数量不多，但偶有大材。其主要是高岭石在热液作用下褪色不匀，造就了特殊黑斑而形成的。市场上常见，价格合理，以基色调纯正不杂乱，墨色浓淡鲜明者为精品。

▲ 木纹石自然形
规格：8×5×3厘米（左）　6×3.5×2厘米（右）

▲ 青白石自然形
规格：12×6×3厘米

▲ 多彩石自然形
规格：20×15×6厘米

▲ 金银石随形章
规格：2.9 × 2.9 × 6 厘米

▲ 珐琅石自然形
规格：25 × 12 × 12 厘米　　巴林彩石中的珍稀品种

29．雪花石

雪花石是巴林彩石多彩石类中的上品。该石以土黄色、灰黑色或灰白色等为主，石面上均匀地散落着微小的白色斑点，密密麻麻，星星点点，歪歪斜斜，酷似横空飞舞、漫天飘洒的雪花，故名"雪花石"。此石色调凝重，纹理华美，有雪花纷飞、潇洒飘逸的装饰意象。观赏此石，会有身历塞北雪天，踏进铺地白毡，头顶飘飞琼花，舒心适意的感觉。雪花石属于绵脆相间料，质地温润细腻，不透明，光泽如玉，亮度高，适宜加工印章和打磨自然形等艺术品。该品在辽代以前就有产出，现一采区5号采坑仍有出品，产量较多，以雪点均匀，有飘飞动感者为精品。其是保留了高岭石的球粒节理构造，经后期矿体交代而形成的。

30．蟹青石

蟹青石是巴林彩石清彩石类中产量较多的一个品种。该品种通体为青白色或灰青色，酷似水中的河蟹，故名"蟹青石"，也称"蟹壳石"。此石色调凝重质朴，表面光滑，散发着一种平淡无奇、雅俗共赏的天然韵律。观赏此石，会有一种清风洗面、淡水浴身的轻松感。蟹青石属于脆料，质地温润细腻，不透明，硬度适中偏硬。光泽如玉，有亮度，发柔亮光状，适用于加工印章或大型玺印。该品种于1978年在一采区大采坑中产出，其他采区也有出品，产量高，有大材，市场售价便宜合理。其主要是在成矿期保留了原高岭石的灰白基色调而形成的。

31．黄金石

黄金石是巴林彩石清彩石类中又一精品。该石通体为金黄色，色正，无杂色，

▲ 泼墨石自然形
规格：5 × 8 × 2 厘米
巴林彩石中的奇特品种

▲ 雪花五连体章料
规格：3 × 16 × 13 厘米
巴林彩石中的奇特品种

▲ 蟹青石随形章
规格：2.8 × 2.8 × 8 厘米

酷似黄金，故名"黄金石"。此石色调凝重，纹理华美。石体中均匀地分布着微细条状纹理，犹如高温炼烧的金砖或金条，富有天然华贵的韵律和冶炼铸金的空灵感。细品味，能给人们留下美好、完整的回忆，呈现给人们一种荣华富贵的意象。黄金石属绵料，质地细腻温润，不透明，硬度适中，易雕琢，适宜加工印章。该石于1981年在采区1号采坑伴随福黄石产出，产量不多，但质地好。以色纯正、纹理细腻者为精品，市场少见。其主要是以高岭石为主的矿石侵入褐铁矿质后而形成的。

32. 葱绿石

葱绿石是巴林彩石多彩石类中珍稀品种。该石为黄绿色，略透染着青白色，犹如春日里生长的洋葱，故名"葱绿石"。此石色调凝重，色彩纹理具有春天生机盎然、田野绿油油的装饰意象。葱绿石属于绵脆相间料，质地温润细腻，不透明，硬度适中，易于雕刻，光泽如蜡，适合雕刻和打磨自然形。该品种于1978年在二采

区西侧坑产出，产量极少，偶尔出现一两块，故十分珍贵。其主要是主体矿石中含绿泥石，经后期热液交代后而形成的。市场上非常少见，是收藏家争抢采购的奇缺品种。

▲ 黄金石印章
规格：3 × 3 × 12 厘米

33. 玉线石

玉线石是巴林彩石多彩石类中的又一奇美品种。该石质地的色调是多种的，有黑色、浅黄色、灰色、青色、红色等，但石面上有纵横错落的白色纹线，故名"玉线石"，也有人称之为"玉线冻"。玉线石的装饰美在于飘逸潇洒的韵律感，这是此彩石与众不同之处。此石色彩凝重分明，石面上的玉纹线，有多有少，有粗有细，有曲有直，无一定规则。玉线石属绵脆相间料，质地细腻温润，不透明，有玉石光泽，宜制成印章和自然形件。该石早于1978年在四采区大采坑中产出，后在一、二采区中也有出品，但数量不多。其是矿体的高岭石出现破裂，被地开石沿裂隙交代充填而形成的。以石体透，石线清晰者为上品。

34. 米花石

米花石是巴林彩石多彩石类中的一个普通品种。该石一般为灰紫色、沙黄色、土黄色等，上面布满了白色或乳白色的玉米花，故名"米花石"。米花石的颗粒看上去好似刚出锅的米花，拌着炒熟的黄沙细面，向人们散溢出一种清香。米花石色彩不杂，立体感强，富有活力。花粒石质在感观上略粗，好似细砂，其实石质很细腻。米花石属绵料，易保存，耐高温，不破裂，不透明，蜡脂光泽，宜加工成印章或自然形摆件。该石于1979年在一采区1号采坑中产出。其是含锰、钛离子的高岭石混合浑圆状角砾所形成的。

35. 米穗石

米穗石是巴林彩石多彩石类中又一独特品种。有的以冻石质地出现，名为"米穗冻"，但极为少见。该石为浅白色，或浅黄色，还有青灰色等。石面的纹理十分奇特，呈现出一棵棵、一簇簇黄色的米穗或米粒的装饰意象，令人感受到黄灿灿的稻谷丰收在望的喜悦。米穗石为绵料，质地细腻温润，硬度适中，有玉石光泽，色彩不杂混，穗粒清晰，适宜打磨自然形，也可以制作印章等，属于美石类。该品种于1979年在一采区1号采坑产出，后在其他采区也偶有出品，但特别形象的品种少见，而大块石材更不多见。其是构造的角砾溶蚀在高岭石矿体中，残留了浅花色彩而形成的。

36. 花斑石

花斑石是巴林彩石多彩石类中又一形象品种。该石以浅黄色、淡红色、驼毛色为主，石面上呈现出大小不一、

▲ 玉线石自然形印石
规格：35×20×15厘米（左）　15×6×3厘米（右）　巴林彩石中的珍贵品种

方圆不整、长宽不等的各色斑点，这些斑点一般为白色、黄色，也有绛紫色，犹如卵石铺成的山间曲径，又好似秋后花园中的残花败叶，故名"花斑石"。花斑石质地细腻温润，纹理色形分明协调，立体感强，富有动感，有玉石光泽，适宜加工印章和做巧色雕刻。该品种于1976年在一采区1号采坑、4号洞以及四采区大采坑中均有产出，产量较多。其成因主要是地开石受构造破坏而成角砾，后交代不彻底出现斑点，从而形成此品种。

37. 藕荷石

藕荷石是巴林彩石多彩石类中的又一独特品种。该石的特点是：分为肉红色和粉白色两种色彩，而肉红色犹如绽放的荷花，开满池塘；白色如藕荷花朵，摇曳自然，故名"藕荷石"。藕荷石属绵料，质地细腻润泽，纹理富有动感，颜色协调。玉石光泽，不透明，适宜做巧色雕件和加工自然形摆件。该品种于1980年在一采区1号彩坑2号石洞中产出，其数量较少。以颜色纯正，色彩鲜明，花朵均匀者为精品。其是地开石中含有赤铁矿而形成的。

38. 流沙石

流沙石是巴林彩石清色石类中的一个佳品。该石的主色也同流沙冻相近，有红、黄、灰或紫红、灰白、土黄等多种色彩，其中又有白色或浅色的细点状纹理。此石最大的特点是纹理似流沙，富有活性。细品之，犹如塞北的沙丘，随风流动，其款款的印迹，令人深思；又如海边沙滩上的沙粒，被卷进海涛中，顺流翻滚涌动，在咆哮在歌唱……流沙石色调多而不杂，纹理深浅有度。流沙石质地温润细腻，有玉石光泽，华丽，适宜加工印章或做自然形。该品种于1998年在一采区10号采坑

▲ 葱绿石自然形
规格：13 × 8 × 3.6 厘米
巴林彩石中珍稀品种、珍贵品种

▲ 米花石自然形
规格：10 × 8 × 2 厘米

▲ 青花石自然形
规格：20 × 15 × 10 厘米

▲ 米穗石自然形
规格：12×6×2.6厘米　巴林彩石中的精品

中产出，与"流沙冻"伴生。其是以高岭石为主的石体，受密集的片理或劈理，构造作用后，充填了褐铁矿变形断续排列而成的。虽然产量不多，但市场上容易见到。

39．流纹石

流纹石是巴林彩石多色石类中的一个奇妙品种。该石以土黄色、灰黑色、褐色和混合杂色等为主，石面上又分布浅色年轮纹或线条，有白色、棕色、黄色或黑色等，色彩鲜明醒目。条纹有环绕状，有线条状，还有网格状。观看此石，在慨叹光阴似水，日月轮回之际，令人油然而生珍惜时光，不遗余力，鞠躬尽瘁之感。流纹石属绵料，色彩凝重，纹理富有蕴意，多为玉石光泽，也有蜡脂光的，打磨后锃亮，质地温润细腻，适宜加工印章和自然形等艺术品。该品种于1979年在二采区大采

坑中产出，此石一般都是跑卧石，现仍有出品。其主要是地开石矿形成后，高岭石热液交代不彻底而形成的。

40．铁砂石

铁砂石是巴林彩石多彩石类中的美品。该石一般以灰色为主色调，也有的为灰黑色和多混合色，但石面上分布着黑色的细小颗粒，密密麻麻，如铁砂，一目了然，故名"铁砂石"。此石色调凝重，石体一般由两种以上的色彩组成，颜色混合协调，深浅柔和，有的成块状，有的成条状，还有的如波涛状等。细品之，铁砂石显示出坚强勇敢的个性，犹如塞北草原上的牧民。铁砂石质地细腻润泽，有玉石光泽。虽铁砂石因含锰而略为硬些，但不碍受刀，适宜于加工成印章或巧色作品。该种于2001年在一采区10号采坑中产出，虽产量不多，但市场上能够见到。其中带有清晰的黑色的砂粒品种较

▲ 花斑石自然形
规格：12×7×5厘米　巴林彩石中形象的品种

▲ 藕荷石自然形
规格：20 × 15 × 6 厘米

▲ 流沙石方章
规格：3 × 3 × 12 厘米（左）　　4 × 4 × 15 厘米（右）
巴林石中的珍贵品种

少，如得之，也为珍品。其是因高岭石中含有锰元素而形成的。

41．豆沙石

豆沙石是巴林彩石多彩石类的一个奇特品种。该石以红紫色为主，又有黄色、白色和灰色的条状或条块状，无规则地散混在石体中，同时还出现色重的红紫色细微砂粒，犹如蒸豆包时搅拌的豆沙馅，故名"豆沙石"。豆沙石色调繁杂，一石中出现五六种色彩，但不乱，深浅适度，轻重协调，富有形象感和生动性。豆沙石属绵料，色调干净明快，光泽稍暗淡，质地细腻润泽，适宜加工印章和做巧色雕件。该品种于1990年在四采区大坑中产出，同巴林红花石相伴而生，现仍有出品，但数量较少，色彩混杂如豆沙的则更稀少，属于奇缺品种。其主要是高岭石矿体中

侵入不同色泽按条块状分布的地开石而形成的。

42．乳花石

乳花石是巴林彩石多彩石类中的一个品种。该石以青黑色或熟赭色为主，石面上分布着一块块或一片片浑圆状的白色斑，其色斑大小不一，长短不齐，上下交错，左右相连，块块相依，如滴滴鲜乳凝结于彩石之中，故名"乳花石"。乳花石纹理呈现出凝重鲜明、富有动感和活力的装饰意象，想到巴林草原牧民用美酒奶食招待客人的习俗，想到一群群乳花奶牛，向人们奉献着香甜的乳汁，想起《乳香飘》这首美丽动人的草原歌曲。乳花石属绵料，质地细腻温润，不透明，光泽为暗淡光，适宜做印章和巧雕材料。该品种最早于1990年产出，地点为四采区，

▲ 流纹石自然形印石
规格：30 × 26 × 20 厘米

▲ 铁砂石自然形印石
规格：10 × 8 × 3 厘米

现仍有出品。其主要是高岭石为主形成的白色花斑，而又侵入大量的锰离子形成青黑色而形成的。

43．八宝石

八宝石是巴林彩石多彩石类中的又一奇特品种。该石以土黄色为主，石面上还有白、黑、青、灰等色的纹理或颗粒，色彩繁多却不杂乱。细品之，此石以深浅不同色调呈现出似水果、杂豆、稻谷、草药等装饰意象。千姿百态，令人想到丰收时斗满囤溢的景象；又令人想到丰收在望的田野，处处散发着五谷杂粮和瓜果梨桃的芳香，故名"八宝石"。八宝石属绵料，质地细腻温润，有蜡光泽，纹理清晰可见，图案富有活性和韵律，是最适宜加工自然形的材料。该品种于1986年在一采区的红花料采坑中产出，现仍有出品。其主要是高岭石矿受后期构造作用，被热液交代溶蚀后形成的。以质地色鲜不杂，图案清晰的为上品。

44．佛香石

佛香石是巴林彩石多彩石类中又一特殊的品种。该石以褐黄色为主，石面上有褐白色的斑块和赭蓝色的纹理，色彩富有动感和灵气，柔和协调，立体感强，具有佛香炷炷、香烟缥缈的装饰意象。细品之，此石犹如一捆捆点燃的贡香，令人静穆坦然、适意悠闲、淡泊清爽，似在告诉人们要用颐养天年的平和心态去面对沧桑岁月，故名"佛香石"。佛香石属绵料，质地细腻温润，不透明，呈暗淡的玉石光泽，打磨后光滑柔亮，最适宜做印章材料，加工艺术雕件也是上品。该品种于1988年在一采区1号坑中产出，现仍有出品，产量不多。其是矿体受热产生流变，裂隙充填钛、锰等离子而形成的。色彩鲜艳柔和，香烟纹理清晰飘逸的为精品，具有很高的收藏价值。

45．方晶石

方晶石是巴林彩石多彩石类中一个稀奇品种。该石是以白黄色、白灰色、浅褐等浅色的地子为主，石面上有深颜色的长方体、方体和梯形的晶块，呈三三两两无规律分布，犹如随意撒落桌上的糖块，故名"方晶石"。此石色彩晶莹，极富动感和活性，色调鲜明，反差较大，立体感强。方晶石属脆料，质地温润细腻，不透明，呈暗淡光泽，适宜做自然形和印章材料。该品种于2000年在二采区大采坑中产出，数量不多。此品种具有收藏价值。它是在形成高岭石的同时保留了斜长石或云母的晶体所形成的。

46．蛇斑石

蛇斑石是巴林彩石类多彩石的一个特殊品种。该石的主色有深有浅，有黄有红，有黑有白等，石面上有酷似蛇皮的斑斑点点，活灵活现，故名"蛇斑石"。蛇斑石不同于蛇纹冻，质地不透明，色彩繁杂，有白色点状斑纹，和底色交相错落，形成似蛇皮的装饰意象。细品味，令人忆起童年在草原玩耍或游牧时见到各种蛇的传闻趣事。蛇斑石属脆料，质地温润细腻，暗淡光泽，但闪亮，适宜雕制印章。该品种于1986年在三采区1号采坑中产出，后在三、四采区也有出品。其是流纹质凝灰岩，在交代蚀变中保留了原岩的浑网状和角砾结构而形成的。

▲ 豆沙石方章
规格：3 × 3 × 12 厘米

▲ 乳花石自然形
规格：5 × 5 × 10 厘米

▲ 八宝石自然形印石
规格：15 × 13 × 5 厘米
巴林彩石中的奇特品种

47. 针叶石

针叶石是巴林彩石清彩石类中又一个名优品种。针叶石以乳黄色为主，也有白色和牙白色等，石面上有青黑色或褐色的微细条状斑纹，形若枯草和草芽，故名"针叶石"。它色彩凝重，色泽鲜明，反差较大。纹理有的密密麻麻，有的散散疏疏，有的斜逸舒展，有的纵横交叉，富有

▲ 方晶石自然形
规格：15×8×4厘米

▲ 佛香石雕件
规格：35×18×4.5厘米

活性和动感，蕴含生机。细品之，酷似大漠秋风漫过原始森林，把飘卷来的针树叶，散在沙丘上，令人感慨万千。针叶石属绵料，质地温润细腻，透明度低，有玉石光泽，适宜做印章和自然形材料。该品种于1985年在一区5号石洞和10号采坑中产出，现今仍有出品，产量较多。其形成与水草冻相似，乃羽状裂隙侵入有色元素而形成的。目前市场价格合理，很容易购买到。

48. 焰花石

焰（烟）花石是巴林彩石清彩石类中的又一个美丽品种。该石以深色为多见，有橘红色、青黑色、月白色等，石面上纹理如密集的火星，横空出世，故名"焰（烟）花石"。点状的纹理富有动感，因与深色地子形成对比，呈现出烟花盛放的装饰意象，让人想起"火树银花不夜天"的诗句。该石属于绵料，质地温润细腻，不透明，蜡脂光泽，适宜做印章和自然形。该品种于1990年在一采区5号石洞中产出，数量不多，也有黄白色火星的，但都归此品种。其是原石体保留了原岩"球粒"构造而形成的。

49. 白云石

白云石是巴林彩石清彩石类中的一个佳品。该石通体为青白色，青色为微青，以白色为主，石体净洁，无杂色，犹如蓝天上的白云，故名"白云石"。色彩干净润泽，富有灵气，色调纯正质朴。细品之，此石蕴含清白廉洁、两袖清风的君子风范。白云石属于绵料，质地细腻润泽，

▲ 蛇斑石自然形印石
规格：15 × 20 × 6 厘米

▲ 针叶石方章

不透明，玉石光泽，硬度适中，适宜做印章材料，如雕刻人物也是上等的好材。该品种初建矿时就有产出，现各采区仍都有出品，以质地纯正无杂者为上品。其是较纯净的高岭石混入无染色的矿物质成分而形成的。

50．波纹石

波纹石是巴林彩石多彩石类中的又一个佳品。该石一般以乳白色、乳黄色、浅灰色等为主，偶有深色，如黑色、咖啡色等。石面纹理类似水纹、波浪纹或水波，富有动感，故名"波纹石"。此石色调古朴、柔和，纹理清楚鲜明，具有清波荡漾、泉水潺潺的装饰意象。细品之，使人顿生清心宁静、淡泊悠闲、欢快得意之感。波纹石为绵料，质地细腻温润，不透明，玉石光泽，适宜做印章。该品种于1978年在二采区大采坑中产出，后一、四采区也偶有发现。颜色协调，水波纹鲜明且有动感的为上品。其主要是地开石矿体浸染一些有色的矿物元素而形成的。

51．青云石

青云石是巴林彩石多彩石类中的主要品种。该石以淡黄、乳白、浅灰等为主，石面上呈现出青灰色，如天空中的乌云，故名"青云石"。青云石的特点是色彩有浓淡变化，色块的形状也有变化，由此呈现出天空云海、气象万千的装饰意象。青云石为绵料，质地细腻润泽，不透明，色彩凝重，暗淡光泽，适宜做大型艺术雕件或自然形，也适合制成巨玺等。该品种在建矿时就有产出，属于巴林彩石的主要品种，有大材。其颜色深浅分明，动感强，大材者为佳品。其主要是高岭石矿体中在保留原灰色调的同时，又混入锰、钛等元素，在交代不彻底的情况下形成的。

▲ 焰花石自然形

规格：20 × 31 × 8 厘米

巴林彩石中珍稀品种，市场上不多见

52. 墨烟石

墨烟石是巴林彩石清彩石类中的一个上品。该石通体以墨烟色为主色调，色相纯正，无杂，酷似用松烟加工的香墨，故名"墨烟石"。此石颜色凝重质朴，蕴含淡雅平奇、雅俗共赏的韵律和情感。观赏此石，会增添追求书画艺术的信心，会产生研墨挥笔绘丹青的欲念。墨烟石属于绵料，质地温润细腻，不透明，硬度适中，光泽如玉，适宜加工印章和打磨自然形。该品种于1976年在二采区大采坑中产出，数量不多，无大材。其主要是黑色的高岭石在长期的矿体作用下，保留了原石的色彩而形成的。目前市场上常见，价格合理，但颜色纯正无杂的较少。

▲ 白云石自然形

规格：10 × 8 × 6 厘米

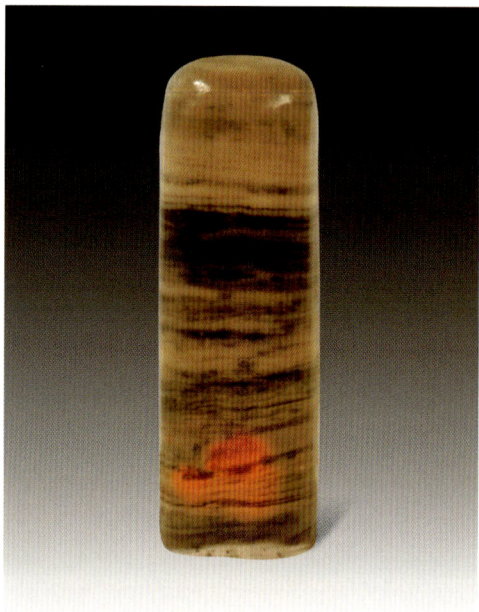

▲ 波纹石随形图章

规格：2.8 × 2.8 × 10 厘米

巴林彩石中奇美品种

▲ 青云石自然形
规格：6×6×3 厘米
巴林彩石中珍稀形象品种

▲ 墨烟石自然形
规格：20×15×5 厘米
巴林彩石中的珍贵品种，市场上不多见

▲ 螺纹石随形章
规格：3×3×6.5 厘米

53．螺纹石

螺纹石是巴林彩石清彩石类中的上上品。该石以单一色为主色调，有浅粉色、清白色、水黄色等，色调凝重，颜色华美。不论哪一种色调，石面上均有清晰可见的细丝纹理，分布均匀而又有规律，呈现出酷似海螺或田螺的装饰意象，故名"螺纹石"。也有人称为"萝卜纹石"，但叫"螺纹石"应该更确切些。观赏此石会被大自然的神奇造化魅力所震撼。螺纹石属绵料，质地温润细腻，不透明，硬度适中，光泽如玉，适宜加工印章。该石于1979年在四采区大采坑中产出，后在一采区也有出品，产量不多，无大材。以纹理清晰、色彩纯正的为精品。其是原高岭石体受热液交代不彻底而形成的。

四　巴林福黄石

1983年冬，巴林石矿采石班长刘福在基坑底发现了一窝黄橙冻石。刘福因采此石在冰水中长期作业而造成全身瘫痪，此后在开采中再未遇到此石，因此该印石弥足珍贵。它具有萝卜丝纹，石料呈橘黄及金黄色，所以后人将其命名为"刘福黄（福黄）"。

按其颜色、纹理等特征可分为若干品种。主要有：鸡油黄、虎皮黄、蜜蜡黄、黄中黄、水淡黄、流沙黄、落叶黄、金橘黄 、豆沙黄等 。

1．鸡油黄

巴林福黄石的珍品。有人也说是绝品，其产量不足50千克。从图上看，通体油光淡雅、温润，色彩正，韵调一致，呈现出欲透又不透明的质地，十分富有灵性，仔细品味此石似觉活灵活现。行家们说其价值可抵千倾草原，万匹骏马。该品种最早的产出时间为 1979 年，产出地点为一采区 1 号采坑。主要矿物质以地开石为主，水铝石为辅。由于品种十分珍贵，藏家难求，其价格无法参考，其质性有绵有脆，也有绵脆相间的。

2. 蜜蜡黄

巴林福黄石的贵品。其通体如蜡，光泽纯正，质地温润，色彩黄红，细品之颇觉香甜如蜜，仿佛能引来群蜂密集似的。该品种最早是从辽代出土的文物中发现的，规模开采是在1980年，产出地点是巴林石矿一采区 1 号坑，其他采区也时有发现，但产量不高。其质性多为绵性，少有

▲ 鸡油黄原石
重量：10 千克
估价：2 万元／千克

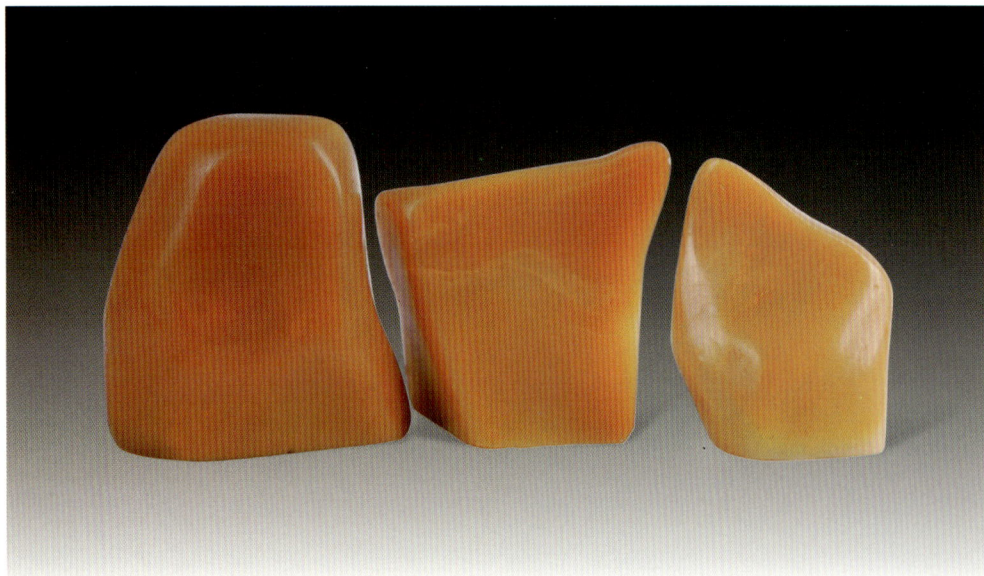

▲ 鸡油黄自然形
规格：3.5×6×6厘米(左)　3×3×6厘米(中)　2×3×6厘米(右)
估价：3000 元　2500 元　2000 元

▲ 鸡油黄高浮雕方章
估价：50万元

▲ 蜜蜡黄雕件
估价：80 万元

▲ 蜜蜡黄原石
重量：16.5 千克　估价：1.8 万元／千克

▲ 水淡黄自然形印石
规格：3.2×26×6 厘米　估价：8000 元

脆性，不需打蜡上油，自然出光，其矿质构成主要是以地开石为主，水铝石为辅。再通过周围环境中其他少量矿物质进行化学反应后形成蜜蜡黄。钮章3×3×12厘米，目前市场参考价6万元。

3．水淡黄

巴林福黄石上品。该石色泽黄而不艳、不浓，淡而不浑、不浊，光泽亮而不火，柔而不暗。通体如一块冻冰，一玻璃缸清水，似透非透，似流非流，仔细品赏，给人一种清润、细腻、灵气之感。该品种产出时间约为1981年，产出地点为一采区1号采坑，现今其他采坑也偶尔采出，但石体最大者不超过2～2.5千克。该品种构成的矿物成分同鸡油黄品种一样，所不同的是浸入的色素离子更少些。它多属于绵质，市场价1千克原石2500～4000元，加工出成品其价格要高出几倍。

4．黄中黄

巴林福黄石的美品。该石色彩最大的特征是黄中有黄，浓淡交融一体，有轻有重，有浓有淡，轻淡而不杂，浓重而不乱，深浅皆宜，层次分明，互为衬托。其光泽华丽而不艳俗，韵调柔而不刚。该石的质性油润、细腻，多数呈半透明状，纹理丰富，易出各种图案，富有美感。该品种产出时间是1985年，产出的地点较多，一采区有1号、2号、5号和10号采坑，其他采区也常有产出。矿体构成同上述福黄石品种，但不同的是褐铁矿物质分布不均，造成色彩有深有浅。该品种原石市场参考价格，每千克300～400元，特好石料要高于此价几倍。

5．金末黄

它是巴林福黄石的奇品。主色调金黄，橘黄为辅助色。最明显的特征是通体好似布满碎碎杂杂的金末或锯末。细品之，像永远抛弃的草叶碎末，可偏偏落在宝石中千载不灭，又有谁能说此石不奇呢？再看它的光泽，虽然是一堆末子不会发光，可借宝石的固有光泽不但发出镜光，且闪闪烁烁，光耀生辉。该品种于2000年发现，产出地点是一采区1号采坑，此采坑已开采30多年，可到如今发现不到5块，因此非常奇特珍贵。该品种是受矿体构造的破坏，形成较均匀的角砾后，又同浅黄色的高岭石颗粒相互交叉而形成的。它对研究巴林石很有意义，所以被选进《中国国石》一书中，由于极其缺少，故其价格无法预测。

6．桃粉黄

它是巴林福黄石罕见品。此品种明明是福黄色的地子，却似涌出一团团粉红色的桃花，给人一种塞北园圃秋后又绽放桃花之感，可谓十分罕见。它光泽华美艳丽，质性温润细腻，富有诗情画意。该石于1987年产出，地点为二采区红花料坑，常有少量出品，但精品不多。它的矿体是辰砂颗粒均匀地渗透在福黄石中，又融入淡粉色或粉红色而形成的。比较珍贵。

7．流沙黄

它是巴林福黄石一个主要品种。色彩从浅到深，又从深到浅，形成密密麻麻的黄点。此黄点簇拥着，翻滚着，潇潇洒洒地面向一个方向流去，似风暴过后的沙丘或沙岭，虽然风住了，可沙粒还在流动。它光泽滑润，颗粒并不粗硬，属绵料，非常适宜雕刻和加工图章。该品种产出时间

▲ 黄中黄自然形印石
规格：8×5×3.5厘米　估价：1万元

▲ 金末黄自然形
规格：12×9×2.6厘米
此品种属于绝品，特别珍贵

▲ 桃粉黄自然形印石
规格：3×6×9厘米　估价：5000元

在1986年，主产区在一采区1号采坑和5号石洞，其他采区也偶有采出，但沙粒均匀，颜色纯正，动感强烈的原料不太多。其是主矿体在出现了密集片理和劈理后，随着时间的推移又浸入褐铁矿而形成的。此品种如够标准体积，不论自然形还是印章，质地好的价格不菲。

8. 虎皮黄

它是巴林福黄石的少见品种，也是通过黄色深浅纹线的交汇，形成酷似虎皮状的纹，光泽华亮而不暗，质性温润而不粗硬。此类石常有产出，但形成均匀美丽的虎皮状者却极为少见。它最早产出时间是1981年，产出地点是一采区1号采坑，与其他的福黄石伴生。其构成同黄中黄品种一样，主要矿体成分是高岭石，在形成中残留了原岩色斑。市场上价格十分昂贵。

9. 落叶黄

它是巴林福黄的少见品种。在大面积浅黄或深黄色的地子上散落着一簇簇黑色的针叶状斑点，也有的如针叶树枝，使普通的福黄冻石如同涂上几笔秋后的景色，更显得壮美。它的光泽柔亮油光状，质性呈半透明，犹如冻冰，很招人喜爱。该品种最早的产出时间为1981年，产出地点为一采区1号采坑，常伴生在其他福黄石之中，很难发现，因而数量很少，价值不菲。该品种主要是矿体中残留原岩色斑和少量的铁矿质、锰质矿物等交代不均匀而形成。这种"落叶"在其他颜色的冻石中也常有发现。

▲ 流沙黄自然形印石
规格：18×12×5.6厘米　　估价：1万元

▲ 虎皮黄自然形印石
规格：4×3×14厘米　　估价：3800元

▲ 落叶黄自然形
规格：3×5×9厘米　　估价：3800元

10. 沙雨黄

它是巴林福黄石的一个特殊品种。它色彩丰富，以深黄为主体，浅黄作点缀，似编织出一条条天然暴雨线，漫空洒落，颇为壮观。该品种光泽蜡光，水亮，辰砂细腻。质性油润，纹理一致，线条清晰，富有灵气。此品种最早产于1985年，产出地点为二采区的红花料采坑，现仍有出产。其是矿体形成后出现了密集的劈理纹，被其他矿物体侵入变色后而形成的。虽然市面不常见此品种，但价格不太高，参考价每千克原石2000元左右。

▲ 沙雨黄自然形
规格：2×4.5×8厘米　　估价：3 500元

11. 紫烟黄

它是巴林福黄石的佳品，主体颜色为蛋黄色，也有深黄色、浅黄色等十几种。石面上像是很随意地勾画几笔紫色墨，蜿蜒缭绕，有庄重典雅、宁静祥和、栩栩如生之美感。它光泽艳丽油亮，色彩稳重均匀，质性温润莹透，纹理清晰，图案醒目，犹如一幅幅水墨丹青，耐人寻味。它最早产于1979年，产地为一采区1号采坑，现在各采区都有采出。其主要是高岭石中含锰、钛矿和褐铁矿而形成的。虽然数量较少，但价格不太高，市场参考价每千克300元左右。

▲ 紫烟黄原石
规格：18.5×18×2.5厘米　　估价：1.2万元

12. 冻斑黄

它是巴林福黄石的奇特品种，主色调浅黄，时有深黄或橘黄。从石色中又浮现出条条片片且略透明的黄白色冻斑。仔细品之，犹如金沙滩上的积雪或结冰，惹人遐思。此品种光泽亮丽，质性透润、细腻，观之，赏心悦目。该石最早产于1999

▲ 冻斑黄方章
规格：4×4×13.5厘米　　估价：3 000元

年，产出地点是一采区1号采坑。其是地开石浸入一些钛离子，又保留了原石的冻斑而形成的。如今该石产出量不多，其市场参考价每千克在500元左右。

13. 豆沙黄

它是巴林福黄中的特殊品种，主体色彩是浅黄色，时有深黄色出现。奇特的是在黄色的石面上出现几块紫红色或紫粉色的斑块，犹如豆沙馅，装在玉碗中等待成宴。它属蜡光，光泽华亮，质性温润、细腻。最早产于1986年，产出地点为二采区红花料采坑。其是热液体围绕角砾交融

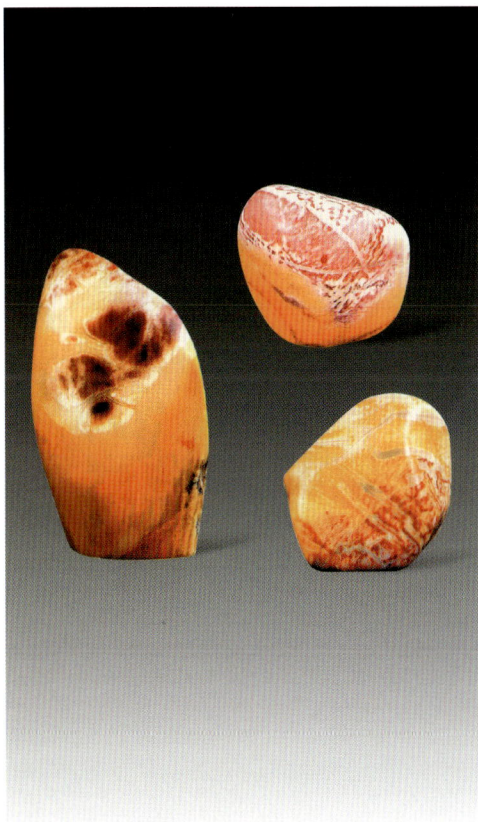

▲ 豆沙黄自然形印石

规格：8×4×3厘米　　估价：5000元／块

此品种市场上少见，属于罕见品

后所形成的。此石产量较低，是收藏精品，市场参考价每千克5000元左右。

14. 银线黄

它是巴林福黄石的普通品种，以黄色为主体，贯穿着数条白色冻线，如悬挂在皇宫中的锦缎帘，默默地用银线编织着黄色的梦。该品种色调凝重，典雅大度，光泽亮丽，质性华润，富有生机，属于彩冻绵料，适合制作印章和自然形。它最早产于1986年，产出地点为二采区红花料采坑。其是在黄色的矿体中，通过热液沿缝溶蚀而形成的。市场上此品种较多，线条粗细不一，线色银、黄、红不定，因此价格也不稳。市场参考价每千克2000元左右。

15. 春蚕黄

它是巴林福黄石中的罕见品，通体为褐黄色，分布着不均匀的白色斑块。其块体有的如蚕蛹形状，故名"春蚕黄"。春蚕黄石褐黄色调比较协调一致，犹如陈放多年的桑树木材，也像一根根黄蜡烛，上面挤满白色的蚕蛹活灵活现，生机勃勃，使人想起"春蚕到死丝方尽，蜡炬成灰泪始干"的名句。该石寄寓着人们对春蚕的眷恋，像是把它的躯体交融在宝石中万古流芳，让人们敬仰深思。此品种光泽华丽大方，质性油润洁凝。该品种最早产于1986年，产出地点为二采区的红花料采坑。其构成除有褐色铁矿外，还有白色斑块的高岭石。产出数量极少，市场上不常见到，价格也很昂贵。

▲ 银线黄自然形印石

规格：4.5 × 7 × 10 厘米　　估价：6 800 元

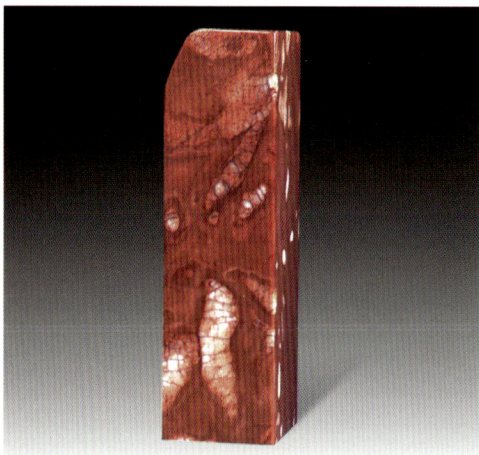

▲ 春蚕黄方章

规格：4.5 × 7 × 10 厘米　　估价：6 800 元

16. 铁焰黄

它是巴林福黄石的佳品，以黄色为主体色，青绿色为辅色，色彩成熟，色调老艳凝重，青绿色犹如烈焰升腾翻滚，熊熊直上。其光泽艳亮高雅，博人喜爱，质性细腻温润，富有生机。它最早产于1998年，产出地点为一采区 2 号洞，现斜井 5 号洞也有产出，但产量较少。其主要是绿

泥石不均匀地浸入福黄石的矿体中而形成的，凡黄黑相间者均为此品种。而两色相融协调，带有升腾感者为上品。目前市场参考价每千克 3000 元左右。

17. 桦叶黄

它是巴林福黄中的珍品，以蛋黄色为主色调，时有浅黄和深黄色在石面上描绘出如同白桦林簇簇金叶恋秋不凋的美丽景观，观之使人或有不屈不挠、奋勇直前的感悟。此品种光滑、亮丽、美观，质性细腻圆润，富有诗意情趣。它最早产于1986年，产出地点为一采区 1 号、10 号采坑。其是地开石保留原凝灰岩的热液交代而形成的。此品种产出时常常伴生黄中黄，但真正形成的珍品甚少，目前市场价格难以估定。

18. 豹皮黄

它是巴林福黄石中的美品，在主体黄色调中分布着深黄色的小圆点，错落有致，像一张豹子皮，故名"豹皮黄"。此品种光泽柔亮，质性润雅，为冻地质，富有生气，适合雕刻金钱豹。该品种最早产于1994 年，采出地点为一采 4 号洞。其是原矿体中保留岩石球粒状圆点结构而形成的，俗称"豹子黄"。其产量不高，特别是与豹子皮相像的更不多，目前市场上的参考价每千克在6000 元以上。

19. 湘竹黄

它是巴林福黄石的奇特罕见品种，具有明显的如同竹节、竹枝和竹笋的纹路，在繁茂竹叶上又有密密麻麻、斑点累累的泪痕，常勾起人们千般柔情，无限忧思。

▲（上）铁焰黄自然形印石 ▲（下）桦叶黄方章
规格：23×8×3.6厘米　　规格：3.5×3.5×13厘米
估价：6000元　　　　　估价：8000元

▲ 豹皮黄钮章
规格：3×3×16.5厘米　　估价：3000元

▲ 湘竹黄自然形印石
规格：3×10×15厘米　　估价：1000元

该石主体颜色为浅黄色和褚黄色，光泽油亮，打磨后自然出光。质性细腻温润，色调凝重，多为冻地绵料，最适宜加工自然形摆件。它最早于1979年产出，地点为一采区1号采坑，后在二采区和四采区也有产出，但特别形象的很少。其是主矿被热液沿"X"型节理充填而形成的。目前市场参考价每千克原石都在万元左右。

20. 炒米黄

它是巴林福黄石的主要品种通体为黄色，石体中布满了深浅黄色的圆颗粒，犹如塞北草原牧民特产的食品炒米，随风飘来，阵阵米香。此品种色泽柔亮，质性多为彩石，时有冻地出现。虽然不透，但润华凝重、洁净，而且如炒米的颗粒分布

▲（上）湘竹黄自然形
规格：3×10×15厘米　估价：6000元

▲（中）金砾黄方章
规格：2.5×2.5×8厘米　估价：5000元

▲（下）流纹黄自然形
规格：10×8×2厘米　估价：3万元

都较均匀，是一种比较好看的石材。该品种最早产于1979年，产出地点为一采区号采坑和5号洞，但产量不多。其是以地开石为主体，保留了原岩石球粒构造所形成的。目前市场参考价每千克6000元左右。

21．金砾黄

它是巴林福黄石中的主要品种，以灰白色的地子为主体，其上分布着黄色的圆形石砾，若以深黄色的地子为主时，又分布着白黄色的圆形砾。石砾融会于石中，有的像熟透的串串葡萄，有的犹如虚虚实实的鸟卵浸泡在清澈的水中，引起人们的无限遐想。其光泽油亮华丽，质地为冻质绵料，适合加工印章、自然形和雕件。该品种最早产于1979年，产出地点为一采区1号采坑。其是浑圆状构造的卵砾，经后期热浸交代而形成的。此品种虽不多见，但价格不高，目前市场上参考价每千克3000元左右，块大的价格要高出几倍。

22．流纹黄

它是巴林福黄石中的美品，以深黄色和浅黄色为主体。石体中呈现出有规则的年轮纹，纹的色泽有黑、白、黄等，构成圈状如日月轮回轨道，永不停息地循环。此石光泽为暗光，质性润而透，凝而不细，适合加工自然形和雕件。该石最早产于1987年，产出地点为一采区5号坑，产量不多，多产于矿脉20米以下的底部。其主要是保留了原岩石的层理构造而形成的。目前市场上可以常见到，而且价格并不太高，一般收藏者都可以寻到。

第二章

巴林石章分类

印章，在我国有几千年的历史。我国印章文化发展的第一高峰是秦汉时期，明清时期是印章文化发展的第二个高峰。这期间出现了许多巧工名匠，历史上也有很多名人与印章之间的故事。印章又叫图章，一般情况下高度为9厘米。巴林石印章以其形状为标准进行分类，通常可分为：对章、套章、雕头章、平头章、随行章、斜头章等几大类。

巴林鸡血石、福黄石、冻石、彩石，因满足了印章的石质细腻、硬度适中、色彩丰富的要求而成为精品。巴林石印章构思巧妙、立意新颖、加工细腻、用料考究，改变了历史上传统印章的呆板形象，充分展示了巴林石印章的丰富内涵。

以巴林石材雕刻的印章命名的方法很多，可谓"百花齐放，百家争鸣"。名称形成的主要依据，一是根据其特点进行命名，二是根据类人或类物的形状和比喻而命名。

▲ 巴林环状鸡血方章

规格：3.5 × 3.5 × 20 厘米

一 按特点命名的石材

按其自身特点分类，可以一目了然地识别巴林石材的品类，而这些品类命名在收藏者看来，会觉得更贴切和逼真。主要有：

1. 文颜石；2. 玉线石；3. 湘竹石；4. 潇潇石；5. 夹冻石；6. 冰花石；7. 花斑石；8. 松花石；9. 三元石；10. 三彩石；11. 驴皮石；12. 龟板石；13. 鹿皮石；14. 虎皮石；15. 豹子石。

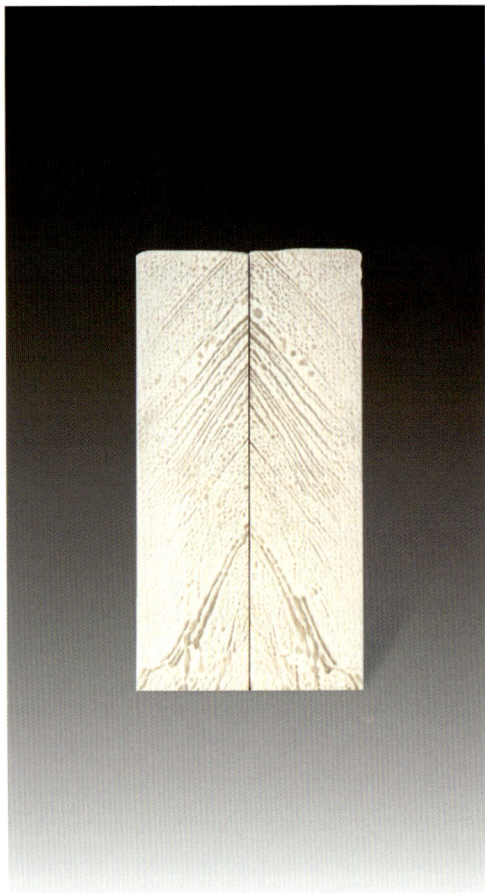

▲ 湘竹石对章
规格：2.6 × 2.6 × 10 厘米
巴林石中的珍贵品种

此15个品种的命名，在中篇《巴林石的品类》相关章节中已作详细介绍，这里不再一一赘述。因石材透明者为冻，不透明者为石，所以按其特点，套用了冻石的名称，仅一字之变，"冻"变为"石"。个别名称有了变动：

（1）在冻石中具有斑点的石材称为斑冻，这里改为鹿皮石，与虎皮石和驴皮石为伍。

（2）在冻石中的夹板冻，这里改动为夹冻石，即在石材上夹有一块或数块冻石，其冻不足一半者。

▲ 文颜冻方章
规格：3 × 3 × 10 厘米

▲ 松花石方章
规格：3.5 × 3.2 × 13 厘米
巴林石中的新品种

▲ 潇潇石四联章
规格：3 × 3 × 12 厘米
多彩冻石中的精品

▲ 巴林三元冻石钮章
规格：3.5 × 3.5 × 14 厘米

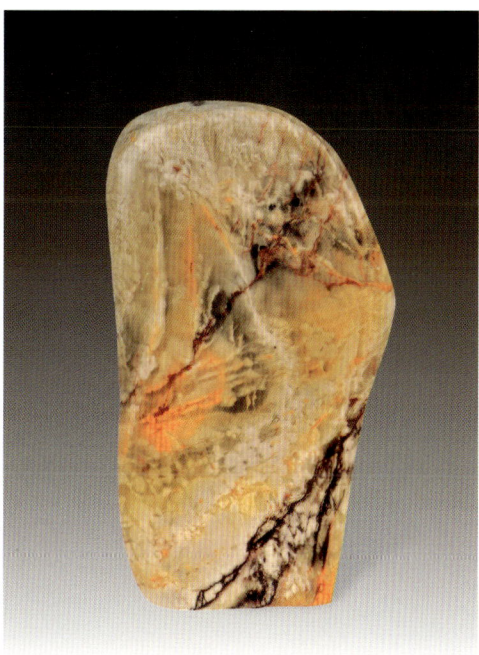

▲ 花斑石自然形印石
规格：20 × 10 × 4 厘米

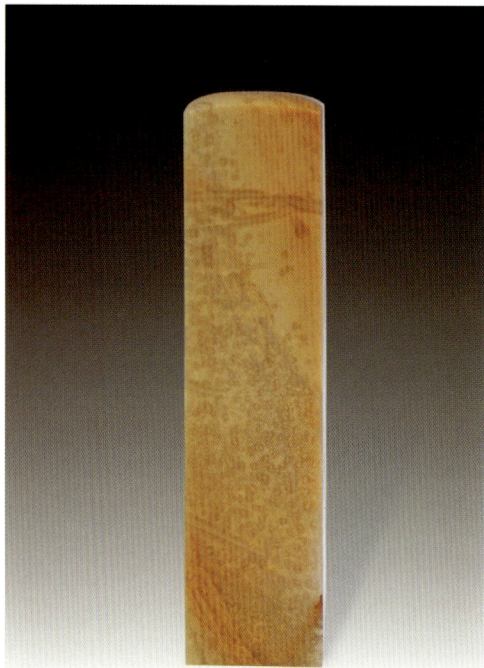

▲ 豹皮黄方章

规格：3 × 3 × 12 厘米

▲ 虎皮黄自然形

规格：12 × 6.5 × 2.4 厘米

估价：1 万元

彩石中的精品

▲ 杏花石方章

规格：2.8 × 2.8 × 11 厘米

彩石中的精品

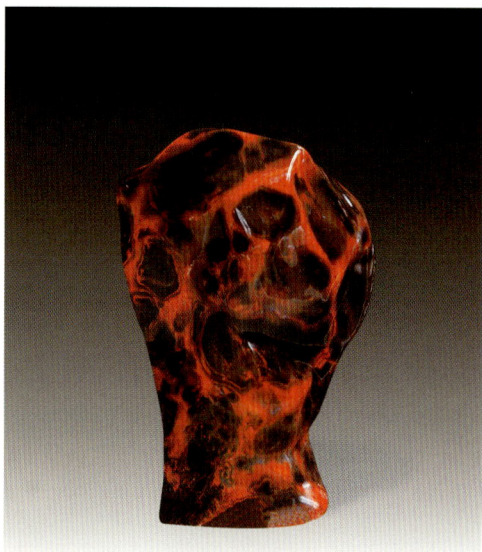

▲ 巴林龟背鸡血石

二 按人物特征命名的石材

人们将历史上广为熟知的人物与巴林石的命名结合起来，让收藏者、观众能从芸芸众石中很容易地辨识出石材的质地、颜色等等，既直观又简便，不失为一种好方法。这些品种有：

1. 关圣红

《三国演义》中描述关羽面如重枣，因此，石材颜色为枣红者其名为"关圣红"。

2. 包黑子

铁面无私、断案如神的包公因是黑色脸，刚一出世就被父母视为怪物扔掉，哥嫂不忍，救回抚养成人。为官后刚正不阿，人称其黑脸为"铁面"，所以用"包黑子"形容黑色石材，以说明其黑。

3. 黑旋风

《水浒》中的黑旋风李逵也为黑脸，这里形容黑青石材，颜色淡于"包黑子"，称为"黑旋风"。

4. 宋公明

梁山泊首领宋江，另一名为黑三郎，面皮微黑，所以，称淡青石材为"宋公明"，其颜色又淡于"黑旋风"。

5. 病尉迟

梁山好汉孙立，面色蜡黄，故形容蜡黄色石材为"病尉迟"。

6. 秦叔宝

秦琼是隋唐时期的忠义之士，面如淡金，故对浅金黄色石材称为"秦叔宝"。

7. 曹孟德

三国中的奸雄曹操本是一代英豪，但

▲ 三彩红（刘关张）自然形
规格：15 × 5 × 17.5 厘米
估价：120 万元

▲ 文颜冻钮方章
规格：5 × 5 × 20 厘米

在戏台上总以白脸的面孔出现，所以，称白色石为"曹孟德"，俗称白"干子石"。其干燥而无油性，吃蜡特别厉害。

▲ 杏花石随形章
规格：2 × 2 × 8 厘米

三　按植物颜色命名的石材

植物是自然界中最绚丽灿烂的生命体，它以红、黄、绿、蓝、紫、黑、白等代表不同寓意的色彩介入奇石世界，不仅会激起人们对巴林石的热爱，更能浅显地识别其中品类的面目。这些品种主要有：

1. 一品红

形容石材是正红色，纯正无杂。

2. 桃花红

形容石材娇艳如盛开的桃花颜色，石质柔润，感观与手感俱好。

3. 杏花白

形容石材颜色如杏花，以柔润的白色

▲ 桃花冻方章
规格：3 × 3 × 11.4 厘米
醉石阁收藏

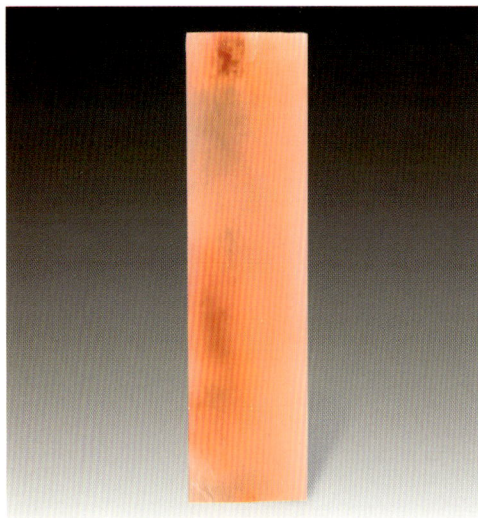

▲ 玫瑰红对章
规格：2.8 × 2.8 × 13.5 厘米
估价：12 万元

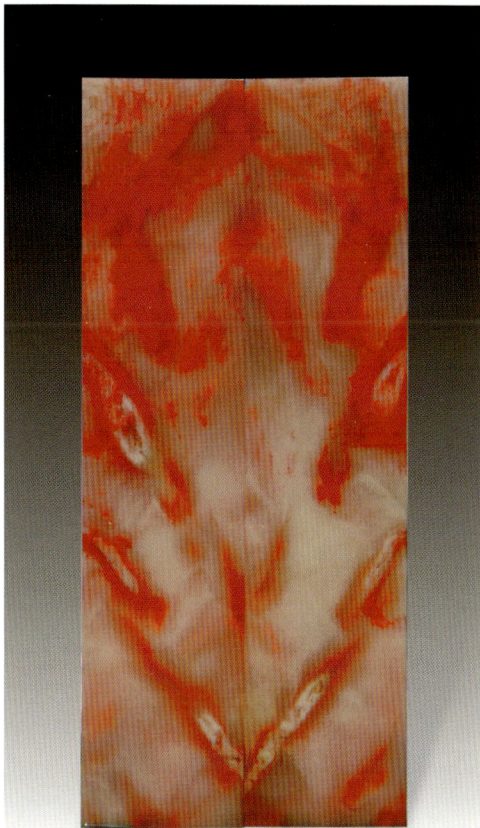

▲ 芙蓉红对章

规格：3.5 × 3.5 × 13.5 厘米

估价：50 万元

为主，隐约间似有粉色。

4．玫瑰红

石材色如玫瑰花，它在巴林石中极为罕见，如加工不得法，容易走色。

5．芙蓉石

该石材为粉颜色，重于杏花白，淡于桃花红。

6．莲藕白

形容具有白颜色、油性大、感观如莲藕的石材。它给人鲜嫩的感觉，与"曹孟德"相比为两个极端。

四　按物品特征命名的石材

在篆刻艺术中，石材质地的好坏是下刀的首选。选择什么样石材与构思和工艺有一定的关联性。这些物品的特征相对独特、易记。因此，有些巴林石就是根据物品材料的特征来命名的，主要有：

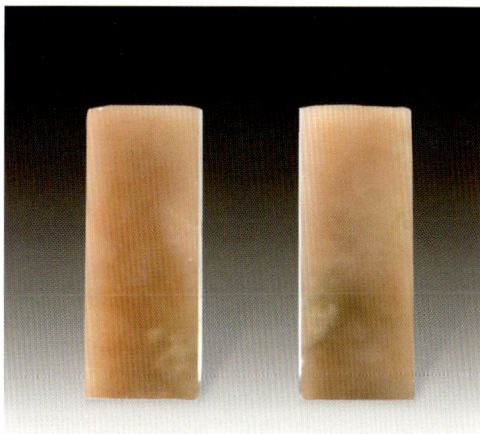

▲ 藕粉芙蓉冻方章

规格：3 × 3 × 9 厘米(左)　3 × 3 × 9 厘米(右)

石中的精品、珍贵品种

▲ 瓷白石雕件《弥勒佛》

规格：11 × 8 × 4 厘米

适合雕人物切割印章，对微雕来说都是最佳石材

▲ 羊脂冻方章
规格：3 × 3 × 11 厘米
巴林冻石中的精品、珍贵品种

1. 瓷白石

状如白色陶瓷、易出光、油性不大不小的石材。

2. 蜡白石

白色石材，油性较大，石质仅次于莲藕白。

3. 琥珀黄

黄色石材，蜡性大，如琥珀者，色淡于秦叔宝。

4. 牙黄石

石材略带黄色，色如保存已久的象牙，淡于琥珀黄。

5. 褚红石

颜色如褚的石材，色调沉闷，无光亮感觉，个别的如肖山石。

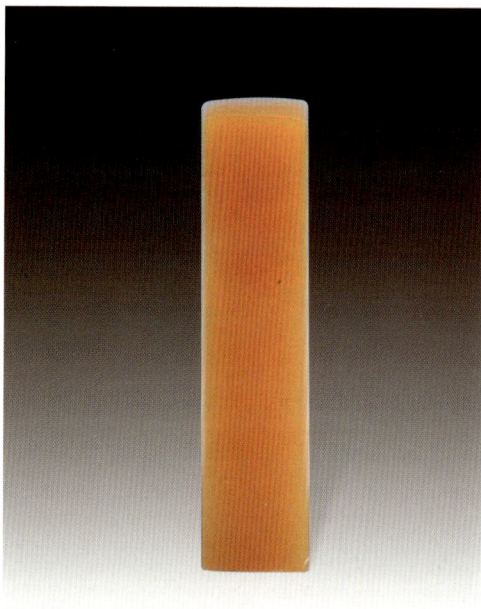

▲ 蜜蜡黄方章
规格：2.6 × 2.6 × 10 厘米
估价：9 万元

▲ 朱砂冻钮章
规格：3.2 × 3.2 × 15.2 厘米
巴林冻石中的珍贵品种

下 篇

巴林石收藏与投资

第一章

巴林石的品级鉴定

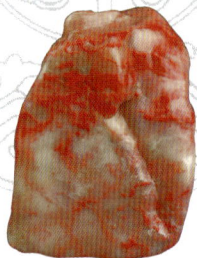

　　一般情况下，巴林石是按照内蒙古自治区人民政府制定的《内蒙古自治区地方标准——巴林石》的标准来进行分级的。此标准将巴林石的质地、颜色、光泽、硬度、密度、重量等方面的技术要求都有详细规定，并划定了标准等级。对鉴定办法和判定原则都有明确的说明。

　　巴林石的鉴别内容和其他石头一样，主要包括以下几个方面。

　　颜色鉴别：主要鉴别颜色纯正度，色泽自然性和层次的分明程度。

　　质地鉴别：主要鉴别质地的纯净细腻程度和完整性。

　　光泽鉴别：主要鉴别石的光润程度，观察其肌理、光泽、温润和清晰程度。

　　意蕴分析：观察石面，分析意境，品评石中蕴藏的深刻文化内涵。

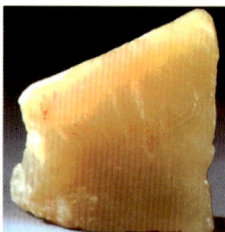

▲　多彩的巴林石原石

一　巴林石的传统鉴定办法

鉴别巴林石质量高低的一些决定性要素，如鸡血、图案等具有很大的不确定性，一些技术标准又很难用文字表达清楚，因此在鉴定时，通常还运用一些传统的和常见的"看、摸、刻、辨"等办法。

1．看

"看"即是用目测来鉴定巴林石质量的方法。如果是巴林鸡血石，则主要是看血的状态和多少、质地的粗细、色泽的浓淡和清浊等。凡血线宽厚、血色纯正、质地优良者均为上品。通常是血线好于血面，血面好于血点。对于冻石，就要看质地是否晶莹透明，肌理是否清晰。对于彩石，就要看色泽是否丰富。对于图案石，就要看形象是否逼真以及图案在石面上所处的位置、色彩以及比例等等。看的过程中还要考虑石头的用途，是准备用于印章、雕刻，还是用于自然型。用途不同，

▲ 软硬度适中，属于绵料或绵脆相间的巴林冻石

▲ 具有美丽的天然色彩的巴林石

▲ 具有自然光泽的巴林冻石

鉴定的方法也会不同。

　　看之前可在毛石上洒些水,这样石面会变得更加清晰,看得也更加清楚准确。看时要注意不要在灯光下去观察巴林石的颜色,而应在日光下。因为日光是包括赤橙黄绿青蓝紫在内的各种色光,而灯光则光谱不全,射入后反射的光谱也不全,颜色也就不准,所以"灯下不观色"就是这个道理。

2．摸

　　"摸"是通过触摸巴林石而产生的肌肤感觉来进行鉴定的方法。巴林石的石质会因不同品种而有所不同,所以置于手中的感觉也不同。这种感觉难以用语言文字进行表述,但经过长期体验,在细细抚摸不同品种的巴林石时,留存于手间的感觉是有很大差别的。这是一种石性与感性相融的感觉,石性或寒或温,或粗或细,或坚或柔,或松或密,或脆或绵,一摸便可分晓。人们来矿洞购买毛石时,一般主要通过这种办法来进行鉴定。

3．刻

　　"刻"是借用其他工具对巴林石进行刻画,从而测定其硬度的方法。不同品种的巴林石硬度会有所不同。杂质的多少、石性的黏脆、开采的深浅都会影响其硬度。购买巴林石时,人们都用随身携带的钥匙或小刀等物品对它进行刻画,也可以直接用手指甲或用牙咬刻,根据条痕和刻画时的感觉来判断巴林石的质量,决定用途。

4．辨

　　"辨"是根据不同巴林石的特点,对其加以区分,做出判断的方法。比如,根据石头的品种可以辨别出其产出地点、产

▲ 鸡血石原石

▲ 夕阳红自然形
估价：200 万元

出时间、产出数量,从而可以判定其质量好坏,有多大收藏价值。又如从朦胧的石面上可以辨出图案,找出其艺术价值;从石面上的点点散血可以找出血线,并判定其血面的大小等等。加工前在外部特征区分并不显著的诸多的毛石中,选出一块有价值的石头并不是一件容易的事。因为巴林石在形成过程中种种元素的渗染都是无规律的,有的鸡血石外部血足又艳,开料到中间时却完全没有鸡血;有的虽然只有外部点点散血,但中间可能会出现很大的血面。因此巴林石的选取既需要辨别,又需要运气。

▲ （上）鸡血原石　　▲ （左）火山红原石　　▲ （右）巴林鸡血石白玉红自然形

重量：56千克　估价：120万元

二　巴林石四大品类的鉴别

在质量评价过程中，可以根据色泽、质地、块度等因素，将巴林石分为一定等级。人们常常习惯于按巴林鸡血石、巴林福黄石、巴林冻石、巴林彩石的顺序排列巴林石的品级，这是不科学的。其实巴林石的4大类互有优劣，一般的鸡血石不如优质冻石，而特殊的彩石则更为名贵。现在，由于巴林石地方标准的颁布和对巴林石认识的不断深化，人们已习惯于将质地、色泽、象形、石艺等综合起来对巴林石进行品评，并将巴林石的国家标准鉴定与贸易活动规则、历史约定俗成的品评等融为一体，把每大类巴林石分为若干品级。

1. 巴林鸡血石的鉴别

鸡血石，是巴林石中的极品，人称"巴林鸡血石"。巴林鸡血石产量极少，其比例只占巴林石总产量的5‰，汞含量一般在0.01%～0.05%之间。巴林鸡血石原石的重量小可论克，大可至吨，无有定局。血色可分为朱砂红、大红、紫红、浓红和淡红。

由于巴林鸡血石较为珍稀，其价格也在不断上升，益显昂贵。如何去鉴赏也就显得越来越重要了。巴林鸡血石主要看石地、血色和质性这三大特征。其次看形状和色泽等几个方面。

（1）石地。又叫地子，主要包括硬地子、软地子、冻地子、玉地子、干净地、杂花地等。软硬地子用刀一试便可知。地子太软或太硬都不是上品，中性地子为最好。软硬的划分标准是硬度对比，硬度高

▲ 鸡血王原石

规格：30×26×13厘米

估价：500万元

▲ 巴林冻石巴林彩霞红原石

于摩氏2.8度以上为硬地子，低于摩氏2度以下则为软地子。软地子易走血，用水泡洗容易碎裂。硬地子质地粗糙，砂粒大且含有石钉，没有润感。冻地子即石面像皮冻，呈透明半透明状。玉地子没有冻，不透明，如玉石一样。干净地是指地子上光滑净洁，无杂色，近乎一种色泽，如全黑色、全白色、全黄色或全粉色等。杂花

地子是指石面上具有多种颜色。冻地子，又干净者为上品。玉地子，又干净者为中上品，冻地子或玉地子有杂花者为中中品，依此类推，杂花地子又无冻，看上去杂乱又脏污者为下下品。

（2）血色。主要包括鲜、老、深、浅、正、暗等几种。血色鲜艳，纯正，血多，成片状，给人一种娇艳欲滴欲流的感觉为上上品；血色深且色正为上中品；血深且色暗为上下品；血浅色淡为中上品；血紫色黑为中下品；血为红黄色且又鲜又嫩，发莹光为极上品，也称"血王血"；血为黄红色，发莹光，又称"鸽子血"，为极中品。

（3）质性。主要是看血石的质地是否温润、细腻、光滑、净透且又富有灵性。温润、细腻、光滑可以直观地感触到。净透、灵性主要是指洁净、情韵和透明度。情韵很难用文字来解说，看上去有一种此石要说话，要唱歌，不是死物而是活物的感觉。

（4）形状。鸡血石原石的形状大小不等，形状也各不相同。大者一块成吨，小者一块成两。其成品也有大小之分、品名之分等。品名主要有印章，还有雕件、饰件、手把件、随形等。无论印章、雕件、随形、把件、饰件，这些成品中都有精品或次品之分，均有收藏价值、艺术价值、鉴赏价值，印章还有使用价值。

（5）色泽。主要指血石地子的颜色。目前产出的巴林鸡血石，其色泽大概有几十种，通常以色彩纯正为最佳，如黑色、白色、绿色、黄色、蓝色等。另外，紫色、红色等易和血色混，淡化血色。总之，巴林鸡血石地子的色泽以黑黄白者为贵，以绿蓝者为罕，以洁净者为佳。

巴林鸡血石根据市场行情及自身特性大致可以分为6品，其标准如下：

（1）绝品：即过去属于上品，产量不多，现在资源已经枯竭，不再产出的品种，如翡翠红、夕阳红等。这一品级的鸡血石绝大部分都流落到个人手中，一般不轻易外露，具有极高的收藏价值。

（2）极品：血色为朱砂红，地子为牛角冻或桃花冻，无钉无绺，前者红青形成强烈的对比，后者红色配血红，锦上添花。除这两样外，任何颜色的冻石，只要颜色够朱砂红，地子纯净无杂，无钉无绺，也可列入此品，如鸡油红、大红袍等。

（3）上品：即地子为上好的冻石，血色鲜红，血线宽或面积大，前后贯穿；底

▲ 火山红方章

规格：3×3×13厘米

估价：25万元

色纯正，色彩鲜明，纯净无杂，无钉无绺；血和地搭配得巧妙浑和，硬度适中，加工后造型十分美观，极富光泽者。其中，血色部分闪黄光的称之为"金片"，闪白光的称之为"银片"，这样的巴林鸡血石属上上品。这一品级的鸡血石由于产量很少，早已被收藏家看好，价格一路飙升，如芙蓉红、金银红等。

（4）中品：地子为一般的冻石或彩石，或质地较好，但色泽与血反差太小，画面显得杂乱者；鸡血的面积不大，血线不厚，血色不鲜者；有少量钉和绺，加工后形状不佳或光泽不好者。主要分为三种：一是具备上品条件，但有少量的钉和绺者；二是血色面积小，色稍差者；三是金银片不是圈定鸡血部分，而是盖住鸡血部分者，如蜜枣红、玫瑰红等。

（5）下品：即地子较差的冻石或彩石，色彩杂乱无章，鸡血未成或不鲜或老而发紫，成面积点状且分散，无形无光亮者。血色紫黑，地子为狗屎地就只能列为下下品了。

（6）伪品：容易走血的黏性鸡血石；红的辰砂，貌似鸡血石；以巴林石做地子，用树脂混合朱砂细粉处理石头，看似惟妙惟肖，却是假品，人称"假鸡血"。

另外，还有血形这一因素也不容忽

▲ 巴林鸡血石组章

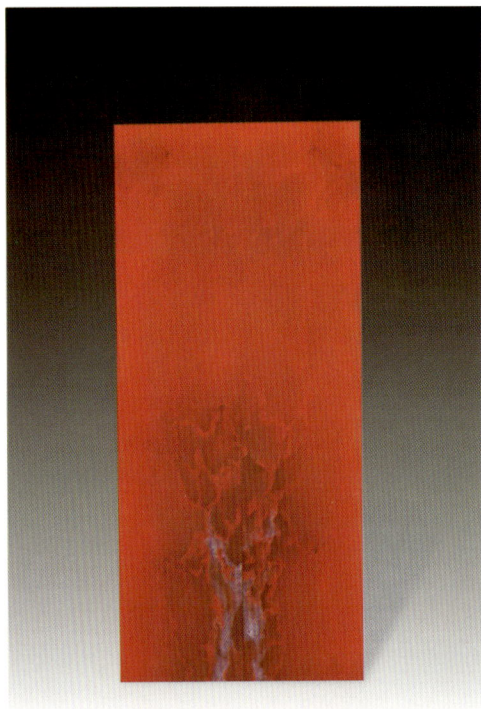

▲ 巴林鸡血大红袍对章

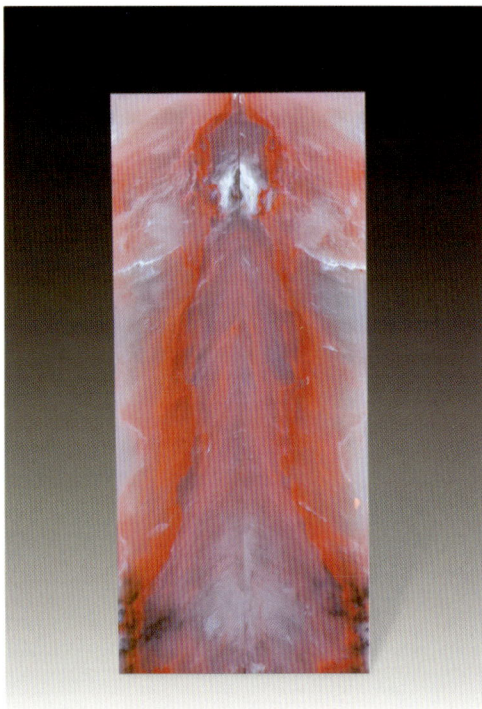

▲ 巴林芙蓉红鸡血石对章
规格：3 × 3 × 18.5 厘米

▲ 巴林鸡血石《山水》摆件

▲ 巴林石《山石文竹》摆件

视。一般来讲，"血线"好于"血面"，因为血线深入石中，而血面则浮在表面，如果血面堆积得厚则可另当别论。

任何宝物都有一种宝像，鸡血石也不例外。鉴别真假鸡血石，第一种方法凭经验观察，真鸡血有一种色调调合的感觉，其光泽为"宝光"。假鸡血色调怎么看都不舒服，有一种说不出的感觉，其光泽为"贼光"。第二种方法用仪器，使用电工的摇表一试便出真假，真鸡血为红汞能导电；假鸡血为树脂和辰砂，它只能做表面文章，两面的血不可能有连带关系，所以摇动摇表会毫无反应。其他两种假鸡血较易鉴别，黏性鸡血石手感粗，发涩，辰砂血面要比地子松散；好的鸡血石虽是平面，鸡血有凸的视觉，辰砂看起来有凹的视觉。

2. 巴林冻石的鉴别

鉴别巴林冻石同鉴别其他类别的石种基本相似，主要对形、色、地和绺、裂、杂色质等几个方面进行认真观察即可。

（1）形，指形状。一块巴林冻石，要看它的形状适宜做什么材料，如方形适宜切割印章不浪费材料，卵石形适宜雕摆件，或是磨成自然形，总之要为施艺而选材。对成品的形状也要认真观察，如印章，看尺寸是否标准，是否方正；摆件，看工艺造型是否艺术，是否合理等，这叫赏形。

（2）色，指颜色。看冻石或成品的颜色是否统一，浸染色是否一致、协调，光色是否鲜明等。色彩纯正鲜明的品种为上品；色彩太杂、太乱，没有意境，不能利用的为次品。所以说冻石的颜色很重要。

（3）地，指质地，质地包括冻石的软、硬、脆、绵等石体的性质，还包括其透明度等。质地在鉴别冻石中也是非常重要的一项，必须详细察看。首先，用金属工具试一下软硬度，断定是什么性质的石料；然后，借用阳光或灯光观察它的透明度，是明透、半透、微透还是非透明。用这些标准衡量了，就可以断定其品种为极品、绝品还是上下品。质地软硬适度，呈现透明状或半透明的冻石为极品或上上品。

此外就是根据石体或工艺品是否有杂质和绺裂纹等几个方面来鉴别巴林冻石：

▲ 三彩红自然形
规格：25 × 15.5 × 5.8 厘米
估价：200 万元

▲ 水草鸡血石随形
规格：19 × 28 × 4 厘米

▲ 巴林水草花鸡血方章
规格：3 × 3 × 10 厘米

▲ 巴林夕阳红鸡血方章
规格：2.6 × 2.6 × 10.3 厘米

▲ 巴林彩霞红鸡血方章
规格：6 × 6 × 18 厘米

　　杂质，主要是指石体上有石花、石钉、石线或杂花地等。有绺和杂质的，一看就知。要看其杂质是否能处理，已处理的是否得体等。

　　绺裂纹，有时难以发现，挑选时要认真仔细。查看裂纹，一是让石体斜照日光或灯光，看其各面是否有裂纹，如果有，用这种方法定能发现；那些用胶对裂纹处理过的石体，用光斜照便可看到比原石发亮的胶线。二是用手挤压，当对石体施加压力时，有裂纹的地方会出现明显的水或油沁出的印痕。常见的绺裂有死绺裂，非常明显，无法补救；活绺裂，是指细小的，可以剔除、可以补救的；还有胎绺裂，是指藏在石体里面，外面见不到。有绺裂的为次品。

　　目前市场上巴林冻石造假的现象很少

▲ 巴林鸡血丹书红随形摆件
规格：6 × 6 × 18 厘米

▲ 巴林白玉红鸡血石雕摆件
规格：27 × 22 × 7 厘米

▲ 墨地带白色桃红状鸡血自然形

见到，原因可能是其价格还没有达到特高的程度吧。但色彩上出现过作假的，为泡色，如把价廉且浅色的冻石染成深色的出售。染色的方法有两种：一是蒸煮法，二是辐射法。如果细心观察是能够鉴别出来的。再者是用外地的石种冒充巴林冻石，这种石料比巴林石略硬或软，用刀一刻便能发现。现在作假最多的是巴林水草冻，其作假的方法是用油性墨在巴林冻石面上画草，如不细心观察就会上当受骗。只要仔细观察水草面是非常容易识别的，假草图案石的用墨痕迹明显，缺乏刀剔感。

巴林冻石类根据市场行情及自身特性大致可以分为四品，标准如下：

（1）极品。一类是在冻石中切出惟妙

▲ 鸡血石自然形摆件
规格：8.5 × 8 × 14.5 厘米
估价：200 万元

▲ 鸡血石方章
规格：3×3×18 厘米

▲ 活鸡血（血王血鸽子血）斜头章
规格：4×5×9 厘米

▲ 龙血红方章
规格：3×3×12 厘米
估价：30 万元

▲ 巴林白玉红鸡血方章、翡翠红鸡血方章
规格：3.5×3.5×13 厘米(左)　3.5×3.5×12.5 厘米(右)

▲ 巴林鸡血方章
规格：4.5×4.5×14 厘米(左)　3.8×3.8×18 厘米(右)

▲ 片状鸡血对章
规格：3.5 × 3.5 × 14 厘米

▲ 巴林鸡血文字石章《如梦》
规格：3.5 × 3.5 × 14 厘米

▲ 鸡血王素章
规格：4 × 4 × 13.5 厘米

▲ 巴林翠玉红鸡血对章
规格：3 × 3 × 12.5 厘米

▲ 巴林彩霞冻方章
规格：3.5 × 3.5 × 15 厘米

▲ 鸡油黄方章
规格：3.4 × 3.4 × 12 厘米
估价：8 万元

▲（上左）多彩红自然形

规格：25 × 15.5 × 5.8 厘米

▲（中右）龙血地《福寿图》鸡血雕件

规格：21 × 21 × 9 厘米

▲（上右）鸡血石微雕《前赤壁赋》

▲（中左）巴林鸡血石印章

▲（下）巴林鸡血原石

估价：4 万元／千克　重量：26 千克

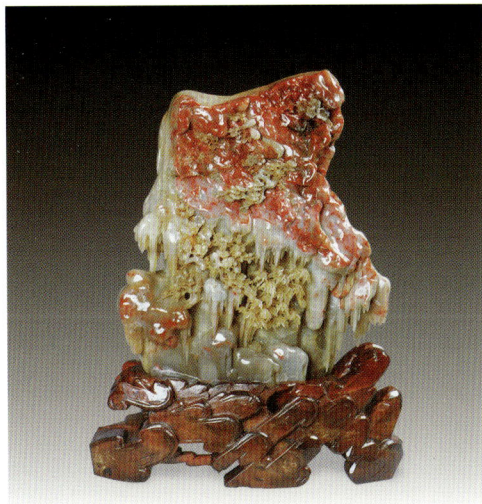

▲ 巴林鸡血石《岁寒三友》
规格：38×13×44厘米

▲ 巴林鸡血石王
规格：51×34.5×24.7厘米
重量：39千克

惟肖的画面，令人拍案叫绝；一类是出现蓝绿颜色，且面大色正；还有一类是过去即为上品，少有产出，现在资源已经枯竭。以上几类冻石中质地纯正、透明度较高、没有绺裂、块度适中者才属此品。主要有福黄（刘福冻、刘福黄），此石为巴林冻

石之最，集极品、珍品、稀品于一身，好者为晶，次者为冻，其质地不差田黄石分毫。此外，还有水晶冻和灵光冻这两种石，应属于晶类，但人们习惯称呼假名为冻。而玫瑰冻、松花冻、环冻则被称之为稀品。

（2）上品。质地细腻，肌理清晰，透明度较高，色泽纯正，浓淡可人，石质不干不燥，易于受刀，石块较大，便于雕刻时切割选择，不含钉绺者。上品中，一类质地非常纯净，不含一点杂色者，如水晶冻、玫瑰冻、芙蓉冻、牛角冻、羊脂冻、桃花冻、杏花冻、墨玉冻、虾青冻、猪白冻等；一类是质地上等且又有独特画面者，如冰草花、米穗冻、晴雨冻、金箔冻、文颜冻、三元冻、云冰冻、凝墨冻等。其他冻石品种的线条或斑纹形成图案的，虽不够逼真，但能体现出一定意境者也被列入此品中。

（3）中品。质地透明度稍差，纹理不够清晰，颜色单一且欠纯正，或颜色多样但欠鲜明，稍含钉绺或有些裂纹但不影响质量，块度有一定选择余地者。包括有玉带冻、杏花冻、一线天、鱼脑冻、虾青冻、瓷白冻、蜡冻、斑冻(此处的斑冻指斑点为冻点者)、彩冻等(此处的彩冻指透明度高者)。

（4）下品。被打入下品的冻石主要包括以下几种情况：一种是自身质地确实不佳者；一种是上述三品中的绺裂比较多，透明度较差，块度不够者。包括有中下品：褐冻、红冻、碣红冻、淡红冻、黄冻、板黄冻、淡黄冻、青冻、青黑冻、淡青冻、彩冻（指透明度差者）；下品：赭半冻、红半冻、淡红半冻、板黄半冻、黄关冻、淡黄半冻、青半冻、青黑半冻、淡

▲ 龙血红方章

规格：1.8 × 1.8 × 4.8 厘米

估价：5 万元

▲ 鸡血方章

▲ 翡翠红方章

规格：4 × 4 × 12 厘米

估价：45 万元

▲ 黑地鸡血方章

此品为最佳品

▲ 鸡油红对章

规格：2.7 × 2.7 × 11 厘米

估价：6 万元

▲ 巴林金银冻鸡血方章

规格：2.5 × 2.5 × 10 厘米

▲ 巴林格血对章　　　　　▲ 芙蓉红方章　　　　　▲ 夕阳红方章　　　　　▲ 三彩红方章
规格：3.2 × 3.2 × 14.8 厘米　　规格：3.5 × 3.5 × 13 厘米　　规格：3.2 × 3.2 × 12 厘米　　规格：2.5 × 2.5 × 10 厘米
　　　　　　　　　　　　　　估价：8 万元　　　　　估价：55 万元　　　　　估价：28 万元

▲ 巴林水草冻石章　　　　　▲ 巴林鸡血石方章　　　　　▲ 人工胶塑鸡血石方章
规格：3.5 × 3.5 × 15 厘米　　规格：3.5 × 3.5 × 13 厘米

▲ 珍珠冻钮方章

规格：2.8×2.8×12.5厘米

巴林冻石中的新品种，也是珍稀品种，市面上非常少见

▲ 水草冻自然形

规格：5×2×24厘米

估价：3万元

青半冻、彩半冻；下下品：驴皮冻、斑冻（斑点为钉者）。

3. 巴林彩石

巴林彩石是别具特色的石种，花纹奇异，颜色艳丽，不同凡响。它的色彩以白、红、黄为主，青灰、紫色次之，由此构成诸多的纹饰。具体可分为两种类型：一种

是普通的彩石，最常见的有红花石（浸染赤铁矿所形成）、黄花石等；另一种带有象形纹饰、图案，石表呈蓝灰绿或棕黄色，半透明至不透明，花纹分布在彩石内的三维空间，酷似镶嵌，如泼墨花纹、水草花、金丝草等，花纹形似松叶，串串密布，或似松枝，迎风摇曳，形象生动，富有情趣。

彩石中的构象图案则介于似是而非之间。如在白色质地中呈现由奇形怪状的纹饰构成的"西天取经"图，似马非马、似人非人；在由枯草黄和绿色构成的草原上，有风卷残云般变幻莫测的图案；还有由鸡血呈火焰状展布的"燎原"、"风云"、"梦幻世界"等图像，引人入胜，令人惊叹。

此类石种适宜切割对章，拼对出的图案更是千姿百态，且十分对称。其中一些品种石质优良，富有特色，丝毫不逊于上等冻石。此类石种也有脆料、绵料之分，各品种间石质优劣悬殊较大。

鉴别巴林彩石同鉴别其他石种相近，主要围绕形、色、质、伤这4个方面，简介如下：

（1）形。是指形状。主要包括大小、薄厚等。形状不同的巴林彩石有不同的价格。鉴别原石，也叫相石，主要是看适宜做什么，是方章还是扁方章，是圆雕还是浮雕，是毛石还是随形等。

（2）色。是指颜色。主要包括色调、色相、色泽、内色、外色等。色也称为成色，观石首先要看其成色如何，以什么颜色为主，即色调。其次看它深浅如何，清

▲ 富有自然韵律的巴林冻石

▲ 质地颗粒粗细不一的巴林冻石

▲ 青色和彩色质地的巴林冻石

▲ 彩霞冻组章

规格：3.5×3.5×19.5厘米　3.5×3.5×18.5厘米
　　　3.3×3.3×17厘米　　　3×3×17厘米
　　　3×3×15.5厘米

裂。二是检查成品的边角是否伤残，表面有无砂眼等。三是看成品尺寸是否足够，安排尺寸是否合理。比如一方印章看四面尺寸是否相等，如大头小尾，或一面宽一面窄，缺角抹头等，这些都是有"伤"，但要分清是微伤、轻伤还是重伤。印章宽窄相差半毫米为微伤，相差1毫米内为轻伤，超出1毫米为重伤。所有裂纹和大绺都是重伤。最后是看是否有杂花硬杂质或微小砂钉等，有硬杂质的会影响质量和价格，有砂钉和杂质少的会影响价格，多的还会影响质量。一般来说，石品无伤残的为极品或珍品，有微伤残的为佳品，有重伤残的为中品或次品。

巴林石彩石类根据市场行情及自身特性大致可以分为4品，标准如下：

（1）绝品。即彩石中切出了画面，画面线条清晰，色泽纯正，形象逼真，质地对图案衬托得当，块度适中者，如黑白石、金银石等。

（2）上品。其中一类是自身带有各种线条或斑块者，如满天星、豹子点、红花石、紫云石等；另一类通体是一种颜色，不含其他杂色，或虽是两种以上颜色，但颜色之间有明显的界线，比例协调，而且色泽纯正，硬度适中，没有砂钉，块度适中的。彩石中的其他品种，如颜色，能够达到这一要求，也能称之为上品，如杏花

色还是混色，色彩是否均匀协调，杂色多或少，是否易于利用或处理等等。色泽好、单色调、色鲜净洁不乱为极品、珍品或佳品，这是公认的鉴石之标准。

（3）质。是指质地、质性。质地包括石质的粗细程度，软硬程度，绵脆性质，光泽的强弱度，是什么光，透明度高低，石内含什么矿物成分等。一般来说，石质细腻、剔透、光强、性绵、硬度适中，主含地开石矿物的石质为极品、珍品或佳品。

（4）伤。是指伤残。主要包括裂纹、小绺、残破或少尺寸、有杂斑等。无论是鉴别彩石的原石还是彩石制成品，首先要检查是否有残缺，就是通常所说的"找毛病"。一是挑石体上是否有大裂纹或小绺

▲ 巴林福黄冻浮雕章

规格：6 × 8 × 2 厘米

▲ 巴林石灯光冻钮章

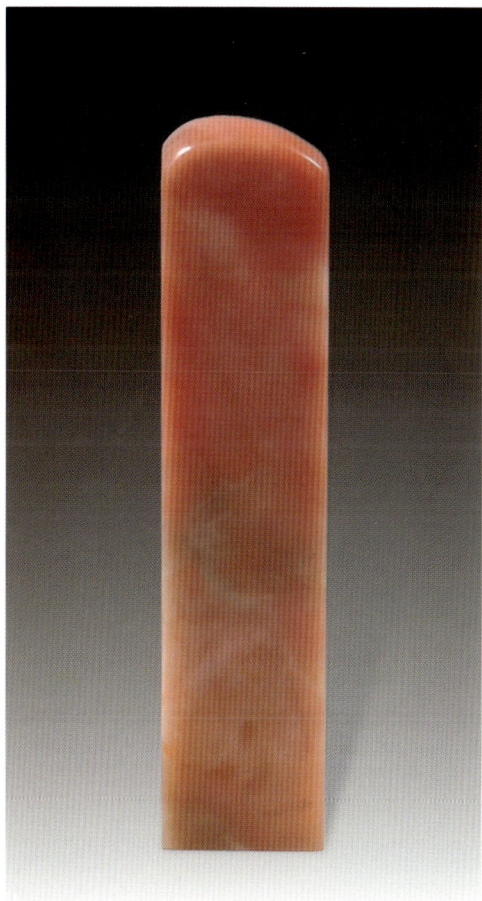

▲ 玫瑰冻方章

规格：14 × 3.2 × 3.2 厘米

▲ 巴林冻石水草花观赏石

规格：17 × 20 × 4 厘米

▲ 水晶冻组钮章

    规格：3.5 × 3.5 × 16 厘米(左1)　3.5 × 3.5 × 14.5 厘米(左2)

    5.5 × 5.5 × 11.5 厘米(右1)　3.5 × 3.5 × 12.5 厘米(右2)

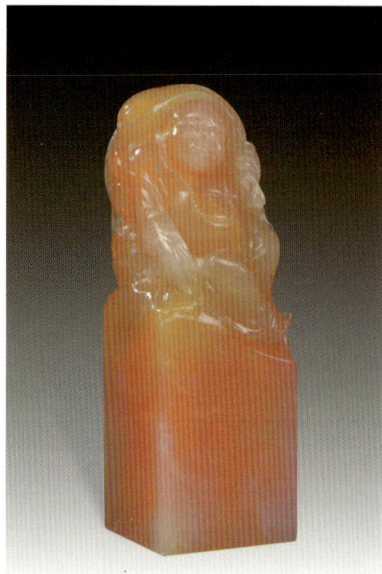

▲ 巴林石芙蓉冻钮章

    规格：4.3 × 4.3 × 12 厘米

▲ 珍珠冻高浮雕方章

    规格：3 × 3 × 15.5 厘米

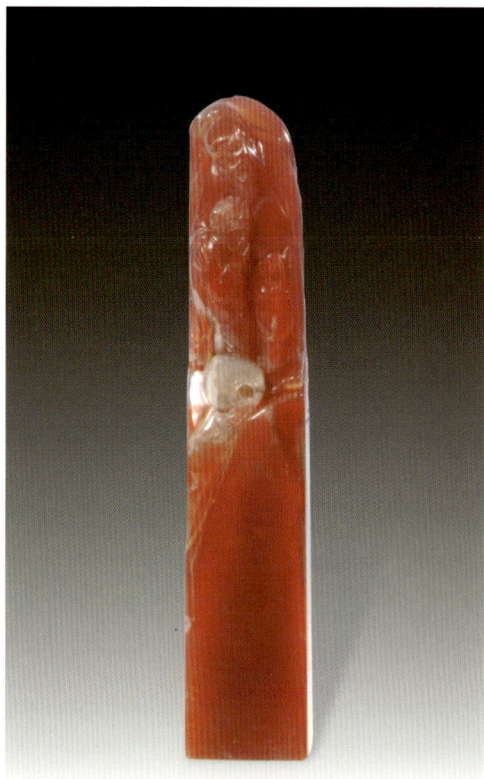

▲ 玫瑰冻钮章

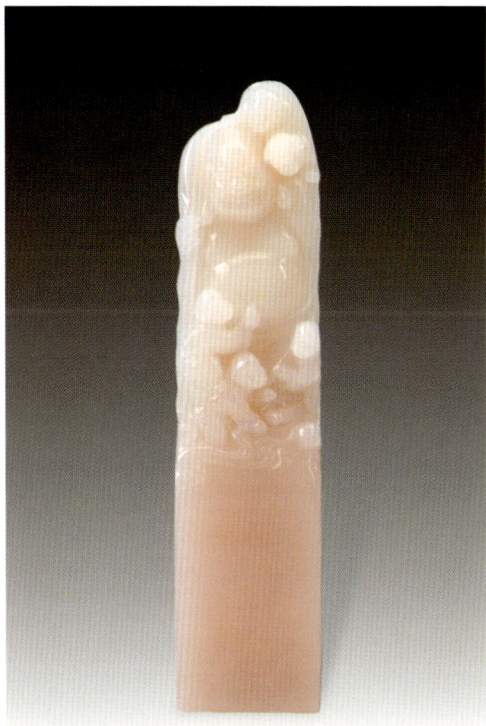

▲ 羊脂冻钮章

规格：3.1 × 3.1 × 13.5 厘米

巴林石羊脂冻中的珍品，价格昂贵

▲ 冰花冻钮方章

规格：3.1 × 3.1 × 13.7 厘米

巴林石中的珍稀品种

▲ 虾青冻自然形卵石

规格：2.6 × 5 × 6.5 厘米

估价：5000 元

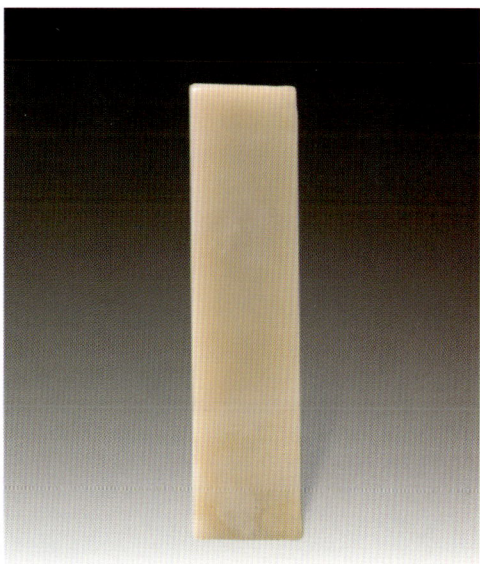

▲ 白芙蓉方章

规格：3 × 3 × 10 厘米

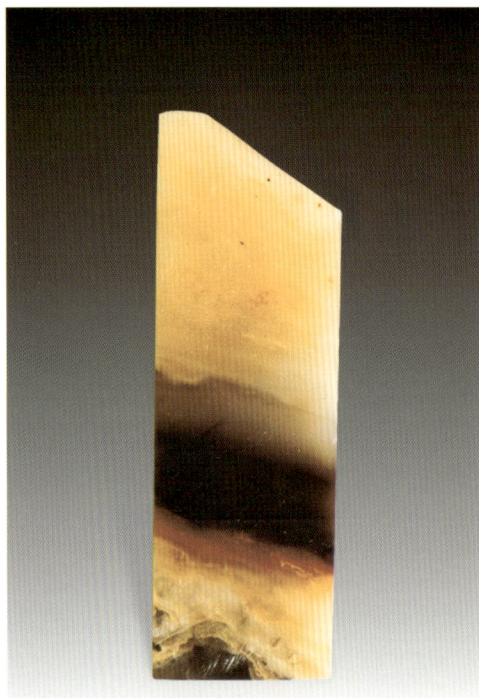

▲ 晴雨冻斜头章
规格：2.8 × 2.8 × 10 厘米

▲ 金箔冻方章
规格：3.2 × 3.2 × 9 厘米

▲ 三元冻自然形和平鸽
规格：6 × 3 × 10 厘米
巴林冻石中的珍稀品种

▲ 文颜冻钮章
规格：3.3 × 3.3 × 13.8 厘米

▲ 多彩冻对章
规格：3 × 3 × 16 厘米

▲ 杏花石方章
规格：3 × 3 × 12 厘米
巴林彩石绝品，珍稀品种

石、瓷白石、朱砂石、白云石等。

（3）中品。通体虽以一色为主，但不够纯正，带有其他颜色，而且不成比例，石面略显杂乱，不够协调，稍含钉绺或有一些裂纹但不影响质量，块度有一定的选择余地，如流纹石、铁砂石、豆沙石等。

（4）下品。即色泽不正，绺裂较多，块度不够者。

4. 巴林福黄石

巴林福黄石由于埋藏在地表，储量低，再加上开采早，已经面临枯竭。目前市场上见到的也很少，所以价格不菲。俗话讲"物以稀为贵"，石商们叹曰"鸡血易得，福黄难求"。如何鉴别珍品福黄石也就显得十分重要。鉴别福黄石，首先要知晓福黄石的油润、细腻和净透等特点。

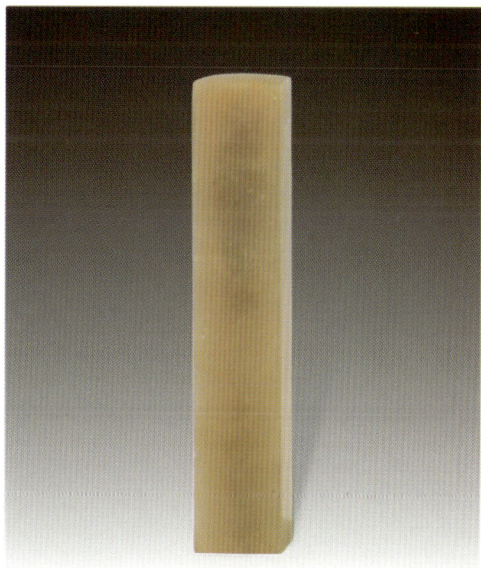

▲ 虾青石方章
规格：2.8 × 2.8 × 11 厘米
估价：8000 元

上品福黄石的鉴别方法为：一是看色彩，颜色特别正，韵调一致，要浓就浓，要淡就淡，或是不浓不淡；二是看光泽，光泽亮丽、柔和、油润；三是看地子，地子洁净无杂，呈现透明或半透明状；四是看质性，石质特别细腻，犹如提炼的鸡油脂一样，而且润透；五是看纹理，其纹理只有用40至50倍以上的放大镜细看才能看清，所有巴林石中都有点状的金属片，其他石不具备此特点；最后是手感，福黄石用手抚摸，手感特别好，不滑不燥，不黏不浊，不冰不热。如果具备"细、洁、润、腻、温、凝"这六德便是福黄石中的珍品。福黄石中以鸡油黄为珍，蜜蜡黄为贵，黄中黄为美，金末黄为奇，水淡黄为妙，桃粉黄为罕，质地纯净者为佳。福黄石色泽不纯有杂质，暗、黑、浑浊、砂粒粗或缺少油润感等，为次品或下下品。

鉴别福黄原石还要看石皮是不是褐色，然后用刀刮一下石皮，看石地是否有杂质，色泽是否纯正，质地是否细腻、有光润。

福黄石的保养同鸡血石一样，加工后再用水砂纸打磨，先用500号、1000号、1500号、2000号砂纸沾水顺次打磨，最后用3000号再换干净水进行最后一次抛光，然后用手或皮肤摩挲数分钟即可。不要上油或打蜡，尤其上油对石头有化学反应，不仅没有保护好石头，还会起到破坏作用。福黄石目前在市场上也出现很多赝品，有树脂胶制作的，也有一些是以外地石头充当的。如内蒙古兴安盟出现了一种黄石头，非常接近于巴林福黄石的蜜蜡黄，不细察看是很难鉴别出来的。

巴林福黄石类根据市场行情及自身特性主要分为二品，标准如下：

▲ 冰花石自然形
规格：4×2.8×9厘米

▲ 泼墨石方章
规格：3.2×3.2×15厘米

▲ 巴林石虾青冻十八罗汉像（之一）
规格：16 × 13 × 25 厘米

▲ 巴林石虾青冻十八罗汉像（之二）
规格：16 × 13 × 25 厘米

▲ 巴林石虾青冻十八罗汉像（之三）
规格：16 × 13 × 25 厘米

▲ 巴林石虾青冻十八罗汉像（之四）
规格：16 × 13 × 25 厘米

▲ 巴林石虾青冻十八罗汉像（之五）

规格：16 × 13 × 25 厘米

▲ 巴林石虾青冻十八罗汉像（之六）

规格：16 × 13 × 25 厘米

▲ 青云石随形钮章

（1）绝品。即晶莹剔透，肌理清晰，纹理均匀的福黄石。此石矿层稀薄，开采艰难，产量极少。该石由于质地与田黄石相比毫不逊色，因而进入市场后使许多藏石家难辨伯仲。这一品种已多年未见。由于巴林石已以福黄石命名分类，绝品中的福黄石现一般都称为鸡油黄。主要有鸡油黄、蜜蜡黄、水淡黄、流沙黄、黄中黄等。

（2）上品。即质地细润，肌理透明清晰，通体为黄色，隐现纤细的水痕，坚而不脆，软而不松，色泽高贵端庄，形体玲珑剔透的福黄石。如蜜蜡黄、水淡黄、流沙黄、虎皮黄、黄中黄等品种均可称之为上品。

其他一些品种地子上虽有黄色，但面积太小，不够纯净，形不成主色，因而划为其他品种，不属于福黄类。

▲ 豹子石钮章和方章
规格：2.6 × 2.6 × 13.5 厘米(左)　　3 × 3 × 10 厘米(右)

▲ 波纹石方章
规格：3 × 3 × 12 厘米
巴林彩石中精美品种

▲ 白沙石钮章
规格：18.5 × 3 × 3 厘米
巴林彩石中新品种，也是珍品

▲ 朱砂红方章
规格：3 × 3 × 12 厘米
巴林彩石中朱砂红，鲜艳绝伦，非常珍贵

▲ 黄花石钮章
规格：5.5 × 5.5 × 18.5 厘米
巴林黄花石中的精品

▲ 朱砂石钮章

规格：3.2 × 3.2 × 14.3 厘米

巴林彩石中绝妙品种

▲ 紫云石斜头章
规格：3.2 × 3.2 × 15 厘米

▲ 木纹石方章
规格：3 × 3 × 8 厘米

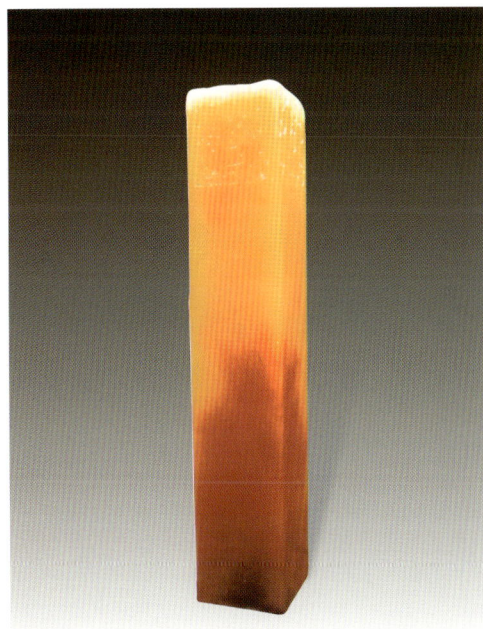

▲ 黄金石印章
规格：3 × 3 × 12 厘米
巴林彩石中的珍贵品种

▲ 八宝石自然形
规格：8 × 12 × 3 厘米

▲ 墨白石自然形
规格：15 × 8 × 2.3 厘米

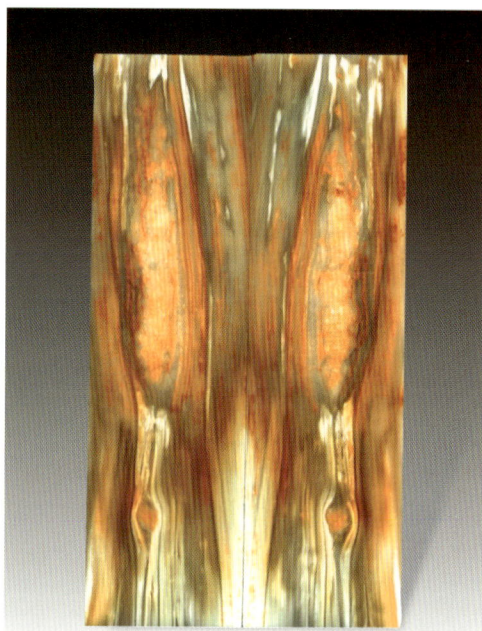

▲ 木纹石对章
规格：3.2 × 3.2 × 11.5 厘米

▲ 豹子石方章
规格：2.8 × 2.8 × 13 厘米（左） 3.5 × 3.5 × 10.5 厘米（右）
彩石中的奇特品种

▲ 牙白石雕件《佛光普照》
规格：7 × 1.5 × 15 厘米
巴林彩石中的精美品种

▲ 千秋石方章
规格：3×3×12 厘米
巴林彩石精品，市场上少见

▲ 朱砂石钮章
规格：25×6×6 厘米
巴林彩石中的绝妙品种

▲ 蟹青石钮章
规格：2.5×2.5×11 厘米
巴林石中的珍贵品种

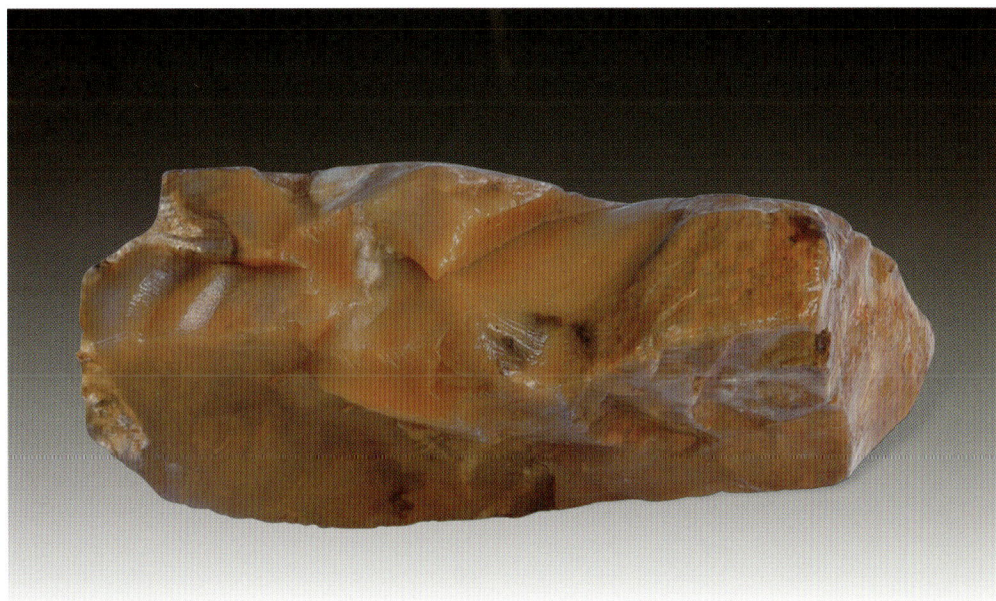

▲ 巴林福黄石原石

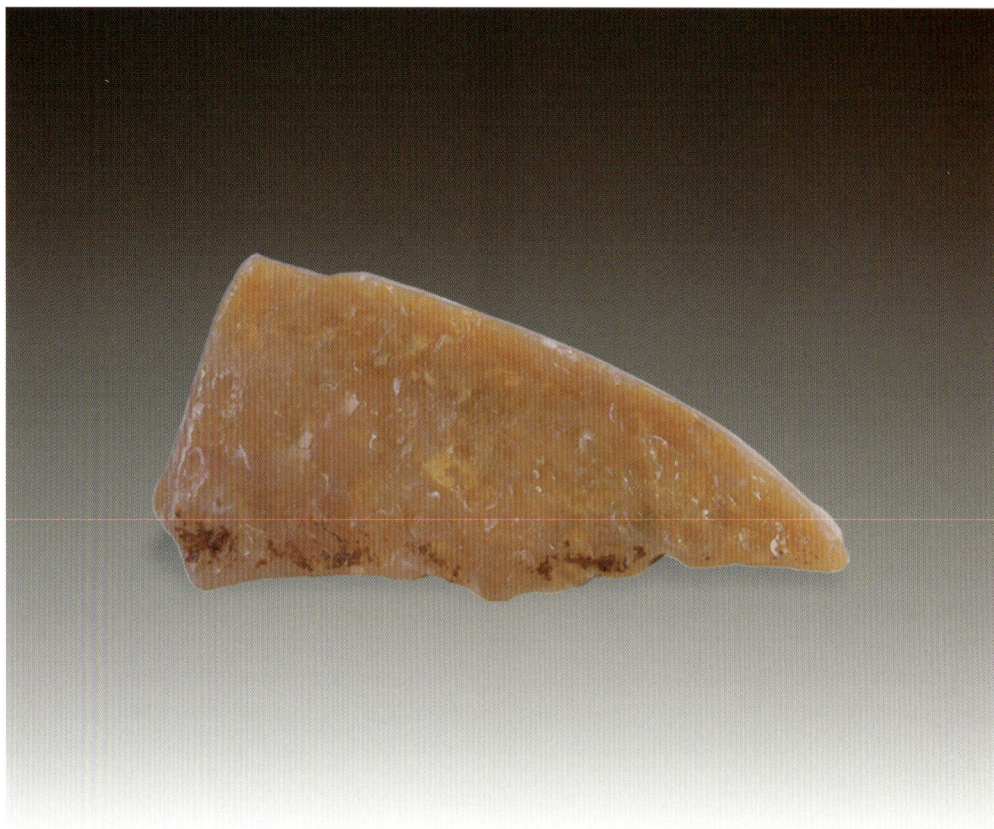

▲ 桃粉黄原石

重量：3.5 千克　　估价：1.5 万元／千克

▲ 巴林多彩石《麒麟送宝》

▲ 蜜蜡黄《童子戏佛》

▲ 鸡油黄《祝寿》

规格：13 × 20 × 4 厘米

估价：8 万元

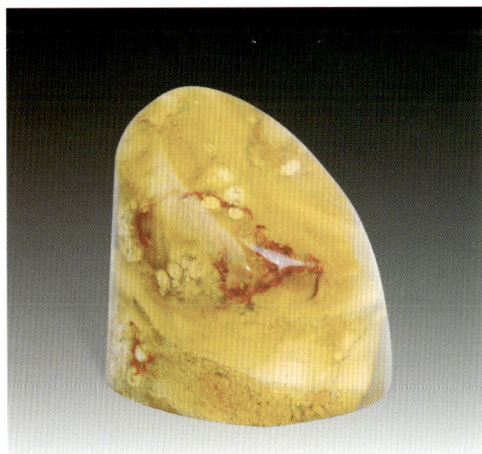

▲ 流沙黄自然形

规格：5 × 6 × 8 厘米

估价：3500 元

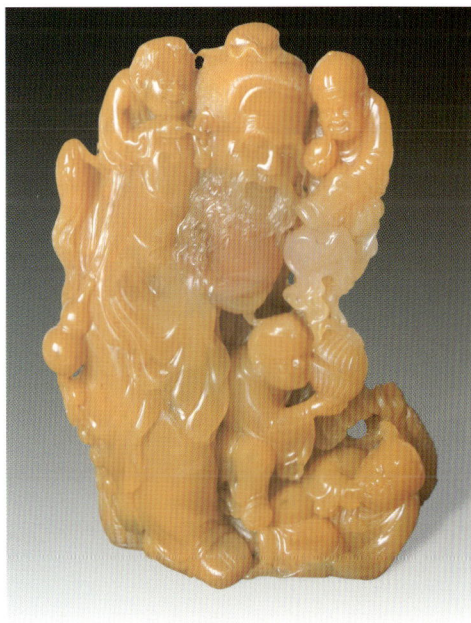

▲ 鸡油黄《寿星》摆件

规格：26 × 18 × 4.8 厘米

估价：120 万元

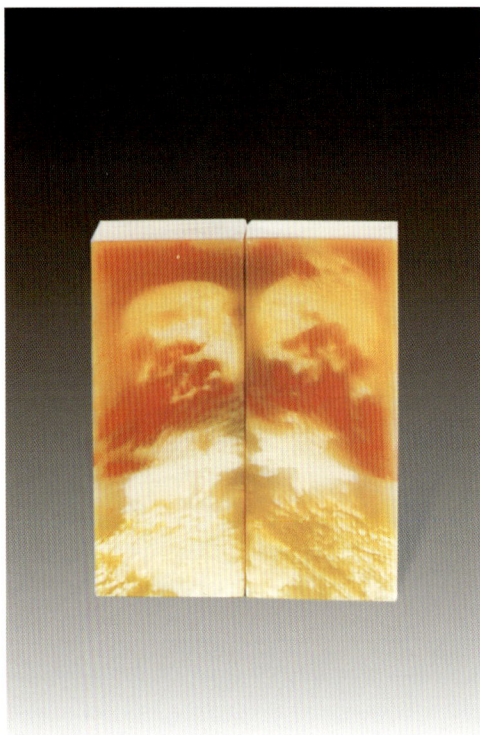

▲ 黄中黄对章
规格：3.5 × 3.5 × 12 厘米
估价：1 万元

▲ 水淡黄章
规格：5 × 5 × 12 厘米
估价：5 万元

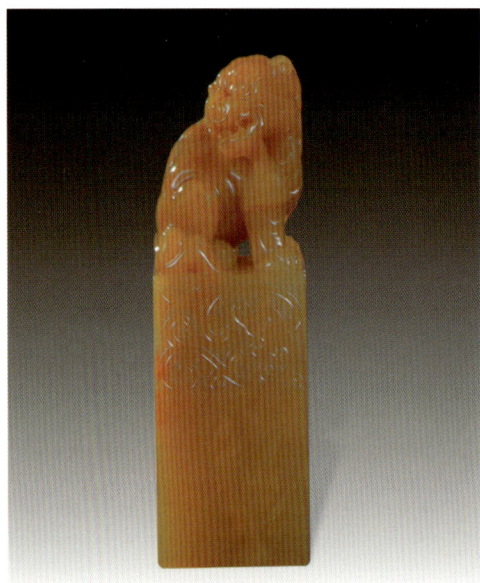

▲ 蜜蜡黄钮章
规格：3.2 × 3.2 × 15 厘米

▲ 福黄石冻钮章
规格：3.4 × 3.4 × 14 厘米

▲ 黄中黄自然形钮章
规格：4.5 × 3.8 × 2.7 厘米
自然形估价：1.8 万元
钮章估价：5000 元

▲ 沙雨石方章
规格：2.8 × 2.8 × 11 厘米
估价：5000 元

▲ 水淡黄章
规格：3.2 × 3.2 × 11 厘米
估价：5 万元

▲ 蜜蜡黄章
规格：3.2 × 3.2 × 12.8 厘米

▲ 金末黄自然形
规格：15 × 9 × 2.8 厘米
属于绝品，市场上难以估定价格

第二章
巴林石雕刻工艺鉴赏

一　巴林石雕刻简述

　　巴林石作为中国四大名石之一，以其特有的质地，完美的色形，常常被众多雕刻艺术家选为创作对象。不论是美妙绝伦的雕件，抑或是精巧玲珑的印章，都散发着令人赞叹的艺术魅力。从雕刻技艺上来讲，追根溯源，巴林石的雕刻还是兴起于山东掖县和吉林通化，而两处技艺皆起源于福州。赤峰地区从1973年建厂从业开始，至今仅有十几年的雕刻史。关于雕刻技法和步骤，福州名家郭功森、方宗珪的著述已很详尽，这也是后来者学习的珍贵教材。无论哪种石材，其雕刻原理都是相同的。现在结合巴林石的特点将雕刻工艺简述如下：

▲　白玉红高浮雕《盛世中华》

规格：38 × 43 × 8 厘米

估价：250 万元

▲ 三彩红浮雕《九龙壁》
规格：56 × 30 × 12 厘米
估价：500 万元

1. 自然因素

人们常说的"天生尤物"，"神来之笔"，"鬼斧神工"，"大自然的造化"等，都是形象地比喻一些自然形成的奇观。

巴林石是绚丽多彩的石材，经常会出现不需人工斧凿的自然作品。10 余年来，出现过如国画《江山如此多娇》图案的石片，其天然石色惟妙惟肖，艺人将其稍加修饰即成一件珍品。有一位工人在解料时发现过心形石材，处理成对章。在对章中间，极其分明地显现了一个桃形的"心"，分 5 个层次，最外边为黑线，勾画出心形，靠里一圈白色，接着是青色，共计 5 个心形，一个套一个，层次分明，"心"外被浓如血的颜色包围着，十分生动形象。也曾出现过这样的石片：整体画面上左半部是淡红色，并在上方有一红点，似圆非圆，很像太阳，附近几缕白色蜡石又似云彩。而画面右半部则上黑下青，布满迷迷蒙蒙的雨点，石板中间是过渡色。工匠在外形上做了处理，制成插瓶板，底部再做一座，题为《道是无晴却有晴》，令人

▲ 巴林桃花冻天龙壶
规格：18 × 13 × 7 厘米

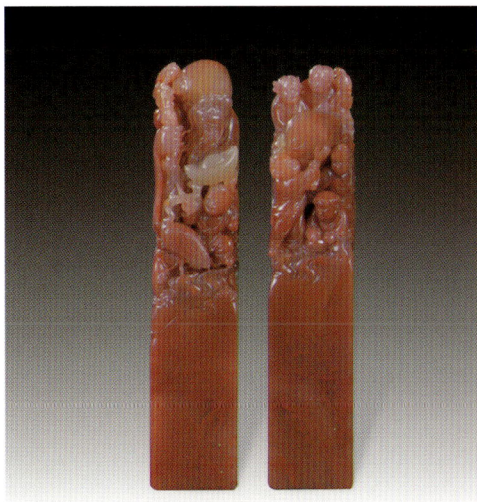

▲ 朱砂冻章
规格：2.5 × 2.5 × 12.5 厘米

回味无穷。另外，还有好多抽象的图案，似虎似龙，似人似神，似花似叶，不一而足。

2．人为因素

齐白石有一款名章，刻有"夺得天工"，无论书法、章法还是刀法，都受到金石家们的推崇。不过，这些内容如同"白发三千丈"、"飞流直下三千尺"一样，只是一些夸张比喻的句法。有人认为应让自然第一，人为第二，二者的结合，即是行话所说的"巧色"。如果雕刻单一色的石材，人为的雕功就是第一位的；如果雕刻的是彩色石材，那么，先决条件就是石材的颜色和质地，雕功就是第二位的。当然，雕功也是不容忽视的，一块好的石材，如果没有好的雕功，同样会糟蹋这宝贵的石材，暴殄天物。

3．选俏技巧

无自然造化的巴林石材，即使是再好的雕功，作品也显得平庸无奇；有了好的石材，没有好的雕功，暴殄天物也是不行的。因此，二者的结合至关重要。一件好的作品，应是相辅相成的两个方面，一个方面是天地造化的石材，另一方面是艺人的绝技，用俏得体，恰到好处。这样的作品才能得到世人的认可，才不愧被誉之为"巧夺天工"。

巧用石色：包括巧用石中的绺、钉、脏、杂等。石材是"用俏"的必要条件，巧妇难为无米之炊。所以，第一步是选石，要石中选石，优中选优，求石质、石泽、石色各方面条件都佳者。当然也不要忘记去废石里选一选，也许可以变"废"为宝。选石，一是带着创作体裁去选石材，但难度较大，不易成功，因为特定的石材总是可遇而不可求的；二是选中石材，再确定体裁及构思，比较容易成功，这种办法较为常用。

选石初步为粗选，可多选几块，作为候选石，关键是相石，这是确定石材资格

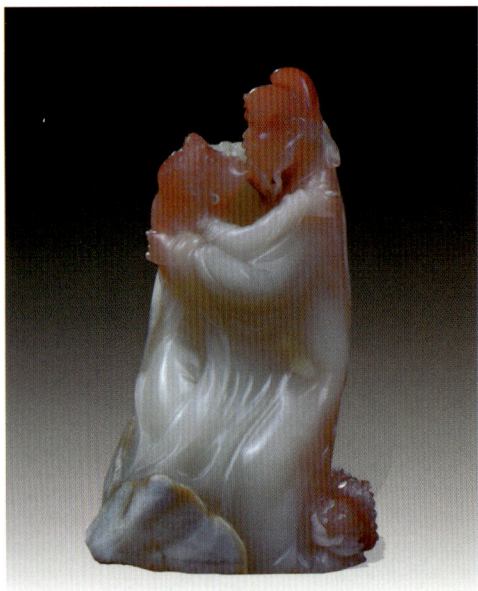

▲ 巴林冻石《霸王别姬》

规格：7 × 4 × 13 厘米

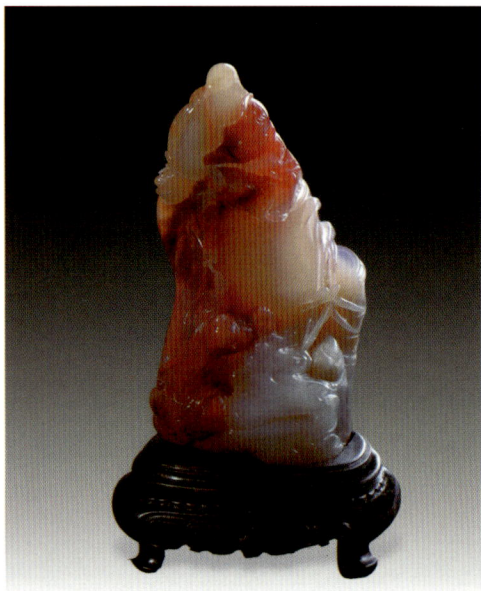

▲ 巴林彩冻石《节节高》

规格：8 × 6 × 14 厘米

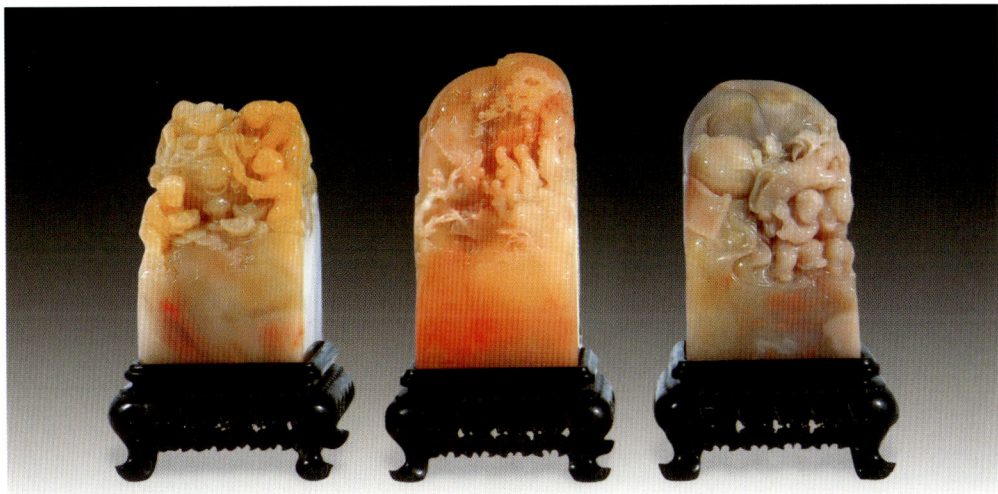

▲ 三彩芙蓉钮章
规格：7 × 7 × 11 厘米(左)　6.5 × 6.5 × 13 厘米(中)　7 × 7 × 11.5 厘米(右)
巴林冻石中的珍贵品种

的重要步骤。相石有两种手段：一种是目测，另一种是仪器测试。

（1）目测。这是石雕千年延续下来的传统手段，主要是依据石材的纹理，石色走向，钉绺多寡，表皮可暴露的各种现象，来判定石材的优劣。或利用不伤主体的剖面进行分析，对石材内部结构有个大致准确的推理。依据这种推理，进行方案设计，并在制作时，随时防止意外的发生，在方案上做局部的调整。此种相石方法，要能看穿石材，需要有相当丰富的经验和阅历才可。

在选巴林石问题上，应首推藏石家张贺新为佼佼者。对巴林石，他的一双"鹰眼"，能入石几分，其方法并不先进，只是眼看，手摸，舌舔，牙咬，用这种简易行单的方法，他竟能从混混浊浊的石堆中，挑选出许多具有价值的原石来。另外，石中只要有一点冻，他都要想尽办法把它抽出来。

（2）仪器测试。仪器指公安部第一仪器厂出产的检测荧光屏，现在应用于登机行李检查。用此仪器检测石材，可以把石材的内在纹理和颜色走向透视得一清二楚，使石材内部结构一目了然，由主观的推理演变为精确的图像，可以避免设计失误。

或者两种相石手段交替使用，各取方便，罕见的珍贵石材多用仪器，一般的石

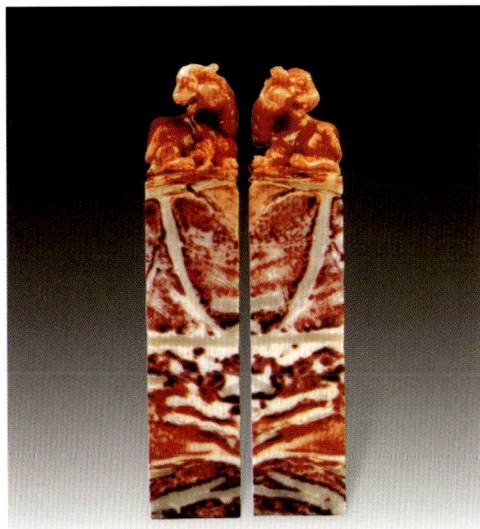

▲ 豆沙石对章
规格：3 × 3 × 12 厘米
巴林彩石中珍贵品种

材多用目测。

巧用石材的另一道工序是解料。用石的厂家需求量较大，因而对每一块石材都相一番，把全部石材"看"透根本办不到，何况有很多石材外表暴露不了内部结构，所以在相石时易有"漏网之鱼"。因此，解料即成为相石的一种重要补充手段。一些工厂解石工只选择有力气、不懂技术的辅助工，这种做法是不正确的。另外，还有的工人对石材切削时出现的奇异现象视而不见，浪费天物，这一工序必须经内行人把关，并应同时设立经济责任，使发现奇石者有利可图，有功可立。一件好的作品获奖，不仅要奖励制作者，同时也要奖励石材的发现者，或者俏色雕刻卖了好价，应为石材发现者设定一定比例的奖金，这样才能更好地激发人们发现和制造好的艺术作品。

雕刻保俏：因为雕刻过程所用的时间较长，一些石质在光线、空气及温差下会发生变化，如鸡血石在雕刻过程中，遇高温、强光，颜色就会变老。所以，工作环境宜避光、有恒温设施。工具不宜使用电动雕刻机和电动砂轮，因为摩擦生热也会使血色变老。再如玫瑰色，在巴林石中十分罕见，又极易褪色，因此遇有玫瑰色的石材，不论是雕刻摆件还是制作图章，一定要从速，加工时间长的要用蜡把未雕或已雕完的部分封闭起来，这样才能起到保色的作用。

4. 用俏技巧

巴林石色彩绚丽，带斑点的石材可用来雕刻凶猛的豹子或可爱的梅花鹿，还可以雕刻对人类有益的癞蛤蟆；带斑纹的石材可以雕刻成斑斓猛虎或柔顺的斑马；多色块的石材可以雕刻成各种花卉及山

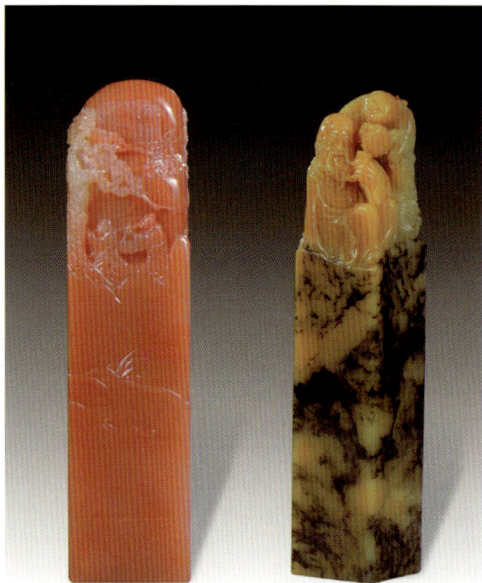

▲ 芙蓉冻头章
规格：3 × 3 × 15 厘米

▲ 福黄紫钮章
规格：3.5 × 3.5 × 19.5 厘米

水；颜色单调的石材可以雕刻成各路神仙及历史人物；纹路细小的石材可以雕刻成可爱的小猫咪或可怕的山狸子。俏用得好是一绝，用不好则是一病。巴林石颜色之丰富，难以用笔墨全部描绘清楚，即使是行家进入这石头阵中，也很少不迷失和不激动的。

有一位大师有幸遇到两块带斑纹的石材，计划雕刻老虎，但却不敢贸然刻制，而是搜集了大量老虎的照片与资料，又多次去动物园观摩，反复用红土泥塑造各种姿势的老虎。当觉得能稳操胜券时，才在吉日良辰动刀，用其中小一点的石材雕刻了一个《虎啸山林》，效果尚可，后该作品被选送到世界博览会展出，获得了好评。另一块大而好的石材，被他一个很不懂行的朋友安排人做了一件花卉俗品，"明珠暗投"，造成终生遗憾。此后，遍寻15年，这位大师再没发现那类石材。

还有一位大师，得一块较有特色的石

材，这块石材长60厘米，正面的右上方和右下方都是黄地白斑点，上方斑点中间还有一长条青灰冻石，中间部分上下一条鸡血，或隐或现，还有一团鸡血在右下角。左上方为发青的石料，下方为发白的石料。面对这样一块石材，他经过相石，反复构思，用右上方的斑点石刻了一只小鹿，用冻石刻了一只灰狼，扑倒小鹿在吞食，利用黄地白点的石料刻成了一只豹子，获渔翁之利，一起捕获了灰狼和小鹿。豹嘴和豹爪恰到好处地出现了一摊"血"，豹、狼和小鹿下面是悬崖，那条或隐或现的鸡血处理成7滴血流了下去，血滴下面刻了一只狐狸，正立起张嘴接血喝，右下角刻了两头鹿在奔跑逃命，母鹿边逃边回顾可怜的小鹿，公鹿则弓身扬角撞向喝血的狐狸，其他还刻有惊兔等。左面用青色石刻了一株古松，有松鼠在树枝上跳跃。

树下一对老猴在给小猴喂奶，小猴调皮地把奶头扯得好长，手握脚，姿态滑稽。于是，就形成了这样的场面：右面是"家破人亡"，左面是"天伦之乐"，残酷对比悲与欢。两者之间有一瀑布相隔，下面靠近瀑布的地方用一小块鸡血石刻了一丛梅花，表现了自然界"弱肉强食"的生动画面。

工艺美术师李矛矛遇一石，白色石材上有8块黑色，并不出众，但他认准了这是块奇石，至于刻什么当时并无定见，放之很久。一日，心中豁然一亮，想出了这块石的最佳用途，他用这石材刻了一个熊猫，把两块黑色处理成熊猫耳朵，又把两块黑色处理成熊猫的两个黑眼圈，另四块黑色处理成熊猫的四肢，一个生动、有趣的熊猫跃出石中，抱啃竹笋，拙笨可嘘，饶是有趣。这是用俏很成功的作品。无怪

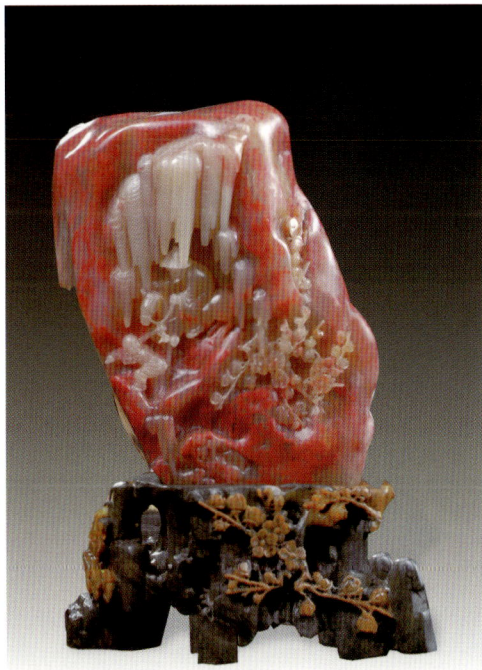

▲ 白玉红《踏雪寻梅》
规格：10 × 3 × 13 厘米

▲ 多彩红鸡血石
规格：20 × 13 × 5 厘米

▲ 红花冻石浮雕印章
规格：5 × 5 × 15 厘米

▲ 红花冻钮章
规格：5.5 × 4 × 11 厘米

有人讲："石有生命，形象在石中，艺人的最大功劳就是把石中的生命形象挖掘出来"。

工艺美术师周志江，捡了一块拳头大小的下脚料，细相后激发了他的兴趣。石材的主体是黑青色，表层是一层很白的颜色，经过分析，发现其中层含有紫红鸡血。总之，是块不出色的石材，可经他处理成随形章后，还真的别具特色，让人拍手称绝。他把白石部分留出 1 毫米厚，刻成薄意浮雕《寿星献桃》，刻画的很逼真。其他白色刻掉后，暴露出黑青地子，与寿星对比，黑白分明，层次清楚。更妙的是通过加工，把那层少许鸡血按大半圆形处理出来，罩在寿星身上，成为佛光效果，吸引了许多好石者，谁也不曾预料到当初这块石头竟是别人废弃的下脚料。

工艺美术师张学信比较善于利用俏色。他刻过一个大件的凤凰花果篮，其石极优，无论质地、石色和石泽等方面都完

全可以代表巴林石。花果篮中容有百花百果，虽其原石颜色不过十来种，但是，刻制的花果由于厚薄不等，即使同一颜色也有了微妙的变化，似乎是百花百色。此件作品能称为"惟妙惟肖"和"栩栩如生"了。可惜，由于雕功过于精细，不慎打成了碎片，"红颜薄命"，真是可怜。感叹之余，他又用这块石材的余料刻了一件《龙凤呈祥》。此石材不大，基本为黄青两色冻石，他用其刻了青龙黄凤，并在凤嘴下面也叼了一个小花果篮，精工细雕，借以纪念那破碎的花果篮。

工艺美术师屈伟广，善刻动物，尤以牛、猫、狮、豹为长，在作品《月夜群豹》中，6 只豹子月夜在小溪旁，有的嬉戏，有的饮水，有的望月，姿态各异，十分生动。6 只豹子身上都有斑点，白色冻石部分刻成了云彩、瀑布和芦苇，青色部分刻了松树，橘黄色部分刻了月亮和枫叶，其他部分处理成山峦。此作品在 1984 年全国第

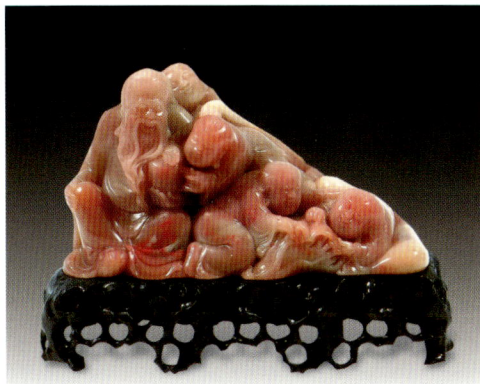

▲ 瓜瓤冻《祝寿》雕件
规格：19 × 10 × 8 厘米

▲ 福黄石《童子祝寿》
规格：22 × 5 × 15 厘米

▲ 巴林冻石（铁砂冻）　▲ 艾叶冻钮章　▲ 巴林石瓷釉黄章
规格：2.5 × 2.5 × 12.5 厘米　规格：2.6 × 2.6 × 12 厘米　规格：3 × 3 × 9 厘米

四届工艺美术百花奖评比中获创作设计二等奖。此后，他刻意求取带斑点的石材，又刻了《双豹斗》和《狮豹斗》，再求此类石材不遇。一次，他手痒难耐，竟选用黑色黏性石料，刻好豹子后用硬物有规则地进行撞击，形成人为的白色斑点，其效果还好，其假巧方法也自成一格。

工艺美术师张学礼以刻花卉见长。他选择了一块鸡血石的原石，经过了几日的相石，创作了《杀鸡儆猴》。其构思是一丛花树下，血淋淋的一把菜刀扔在一旁，一只被宰的鸡滴着血扑腾着正在垂死挣扎，地上已洒下了一摊血，两只猴子惊骇得要逃到松树上，但被锁链给锁住，逃不掉，不敢看，一副狼狈相，也算妙趣横生。其刀下之"血"，鸡身之"血"，地上的一摊"血"的确是名副其实的"鸡血"。可惜此件作品售价较低，反不及鸡血石摆件珍贵。由此得见，用俏也需要在体裁上予以考虑，人们还是比较喜欢寓意吉祥的工艺品，对杀生场面的工艺品还是敬而远之的。

类似上述种种用俏者，还有许多，不能一一列举，只要是有志有技，在巴林石这个领域内，完全可以走"俏"一生。在这里，还应该谈一下"俏色"与"巧色"之间的辩证关系。所谓"俏"，是石之天成；所谓"巧"，是人工斧凿而成，意指在天然石色的基础上，加之人工的构思处理，使"俏"有所用，并用得其所，使"俏"用在"巧"上。其他手段，如做俏、烧色、假俏等，都不

▲ 芙蓉红方章
规格：3×3×18.5厘米

▲ 翡翠冻多彩冻方章
规格：2×2×7厘米(左)　2×2×8厘米(右)

及这"巧用俏色"的工艺。

5. 雕刻工艺鉴赏

巴林石雕产品主要可以分为图章和彩雕两大类。雕件中有动物、人物、花鸟、山水、虫鱼、文具和杂品7类，品种共有200余种，尺寸规格大小各异，大者三四十厘米，小者四五厘米。在造型上有突出草原特点的单马、群马、牛、羊及骆驼等；在传统作品上，有天女散花、神像佛祖等；在仿古器物上，有瓶、樽、炉、鼎等；此外，还有玲珑剔透的花鸟虫草，古朴典雅的亭台楼阁，实用与欣赏兼备的台灯、笔筒、镇尺、墨盒等。

巴林石是工艺雕刻的上等原料，了解其雕刻工艺对鉴别巴林石雕具有十分重要的意义。巴林石雕刻的难度较大，须采用既"雕"又"琢"的手法，不能"雕"掉

有用的料，必须在各种工序上下工夫，如选料、下料、打坯、放洞、镂空、精雕、配座、打光、上蜡等工序。

在挑选原料的基础上，巴林石雕继承了我国传统的雕刻艺术，借鉴玉雕的色彩选择，融合国画的工笔白描手法及骨雕的镂空技艺，发挥工艺制作中的凿、铲、雕、剔、蚀、刨、刮、钻、拉等技巧，经过精心雕镂和加工，才能创作出形体清晰、层次分明的精品。

巴林石质地脆软坚实，容易受刀，也是雕刻图章的上好原料。用此石雕刻的图章刀锋挺立，印文鲜明，汲朱、不渗油、不伸缩、不容易变质。

20世纪70年代初期，伴随着巴林石矿的开采，在赤峰市区及巴林右旗一些石雕工艺美术厂相继开办，巴林石雕刻艺术迅速发展，涌现出大批的雕刻人才。有的

以花卉、翎毛见长；有的以动物、人物见长；还有的以微雕、俏雕、图章制作见长，逐步形成了各自的风格。一大批先后面世的作品具有很强的影响力，如《驯马》等被人民大会堂所收藏；《松梅映雪》、《熊猫》等分别被日本及中国香港等地收藏家所收藏；《骏马奔腾向未来》被内蒙古自治区政府赠送给香港特区政府，作为庆祝香港回归祖国的礼物；《月夜群豹》等作品还获得了国家级工艺美术奖。

此外，巴林石工艺品深受国际客户的喜爱，大量销往美国、加拿大、英国、日本以及东南亚、中国香港等国家和地区。

二 印章石材的术语

在制作和交流印章石材的时候，经常要用到一些习惯用语，主要是为了表达某些特殊情况，既能够让交流双方都明白，而又言简意赅。中国地域广阔，人口众多，各行各业，基本都有各自独特的术语。但是，由于各地习惯、方言的不同，同行业

▲ 水草鸡血对章
规格：3.6 × 3.6 × 15 厘米

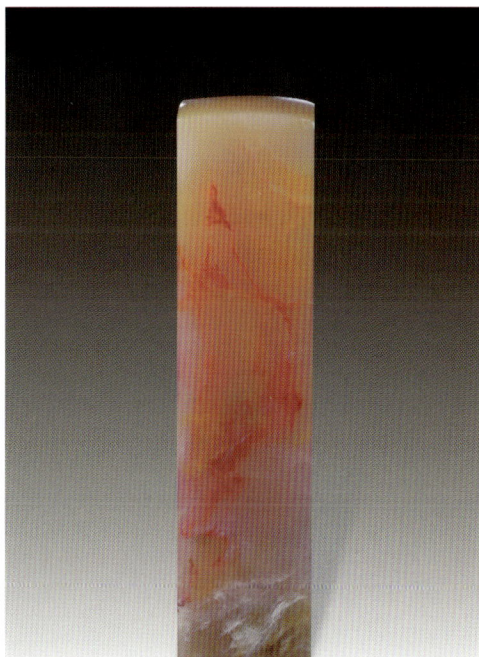

▲ 白玉红人物雕件
规格：22 × 23 × 8 厘米
估价：16 万元

▲ 巴林鸡血石多彩冻鸡血方章
规格：2.8 × 2.8 × 12 厘米

▲ 虾青冻《弥勒佛》

规格：19 × 13 × 7 厘米

估价：16 万元

巴林冻石中的精品，珍贵品种

▲ 巴林灯光冻雕《童子戏佛》

规格：4 × 6 × 7 厘米

中的术语也有较大的差异。现将北方地区和巴林石矿关于印章石材的常用术语简介如下：

1. 皮

它是原料石最外层部分附着的一层泥黄色物体，对观察料石质量具有直接的影响。皮大多无用，但是，少数的料石表层附有均匀的黄色薄层，和料石内部的颜色截然不同，方家将其称为"黄皮"，这是雕刻薄意及浅浮雕的上等原材料。

2. 绺

料石中的原始断裂，是在各种成矿期所形成的，其中大部分夹着一薄层深黄色的黏土。如料石中有深黄色或黑色的绺纹，对其产品的质量具有非常大的影响。

3. 裂

料石上由于风化作用或开采时的震动所形成的裂隙。分为纹裂和通裂两种，纹裂，通常是指料石上较短且又浅的开裂；通裂，通常是指料石上较长且又深的开裂。一般，可以用黄蜡将纹裂封住。

▲ 金银冻《福禄寿三仙》

规格：23 × 15 × 9 厘米

▲ 巴林冻石灯光冻钮章　　▲ 巴林石金银冻钮章
规格：4×6×7 厘米　　　　规格：3×3×8 厘米

4. 地子

又称底子，主要是指石材上的主体颜色部分，或是主色调。

5. 润

表明石材透明度高、质量好的比较用语，反之则为燥。

6. 艳

颜色艳丽明快，无沉闷感，大多为暖色调。

7. 透

透明度高，色调活泼、明快，比较接近于润和艳。

8. 黏

硬而不脆，石性柔和，雕刻切削时为刨花状的石屑，是一种鉴定用语，常用于品评雕刻料石。此外，绵也可用来表示此意。

9. 受刀

又称奏刀，是料石所能够受刀具划刻程度的用语。

10. 性

即石性，含有性格、性能之意，是鉴定料石的用语。

11. 地子吃红

鸡血石的情况之一，指鸡血部分被印材地子上大面积的红色所压住。

12. 散

指鸡血石的血色较分散，不集中，具有稀少淡薄的意思。

13. 脏

指印材上颜色不美观，较难看的那部分，包括杂质、包裹物等。

14. 燥

料石中最无法忍受的缺点之一，表示不透明、没有光泽和油性。通常，燥的料石多呈白色。

15. 砂

主要是指料石中的杂质、石英分散细密。

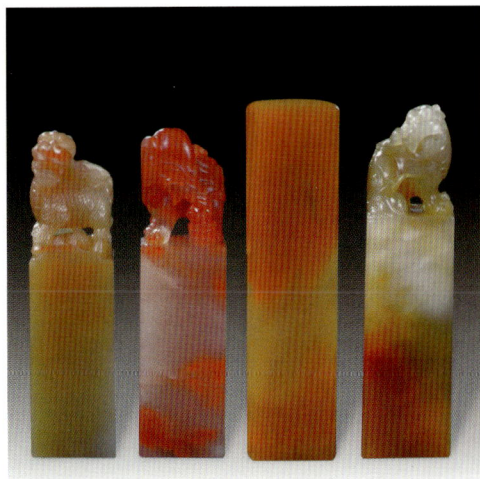

▲ 多彩冻钮章
规格：3×3×11 厘米　　2.3×2.3×9.3 厘米

16. 钉

料石中晶体状的石英，或黄铁矿晶体，或高硬度的围岩残留。

三　雕刻设计

一个优秀的设计，决定一件优秀的雕刻作品。每一件优秀的作品，只有经过严谨的艺术构想，才会带给观赏者及收藏者莫大的精神享受。

一件作品要想设计得成功，必须学会"相石"，即对一块料石进行细致的观察和揣摩。在整个创作过程中，相石是一个至关重要的环节。雕刻行业中有"一相能抵九天工"的说法，由此可见其重要性。只有通过仔细的观察和研究，确定料石的优、缺点，有无砂、钉、绺、裂及准确位置，一件好的作品才有可能诞生。若是盲目下刀开工，定会让人失望，有的料石甚至在创作过程中就已经报废。

任何料石都会存在一些缺陷，从而不利于雕刻。设计也要因石而异，只有通过相石，才能扬长避短，选取合适的造型，

▲ 三彩红鸡血方章
规格：3 × 3 × 16 厘米

▲ 巴林鸡血石《鹤乡春景》

▲ 南瓜桃花冻
规格：25 × 16 × 20 厘米

结合特殊的刀法对料石中的各种缺陷巧妙地加以掩饰，或加以美化，这样才会达到较好的艺术效果。

巴林石的色彩缤纷万千，纷繁的颜色会对雕刻作品产生一定的影响，处理不当会产生表现力差、主题不突出等问题，同时，也会给雕刻设计带来一定的困难，所以色彩纷繁的料石加工过程中更应谨慎小心。要想得知各种信息，也必须通过相石。

此外，相石还可以对料石进行大胆的取舍。因印材石雕不像牙雕和玉雕那样，对保留材料的重量有严格的要求，所以料石是允许进行取舍的，前提是不损坏其主体美。不过有些晶莹剔透的冻石，并不宜为制作透雕而过多删料，因为其本身就是一件很美的艺术品，有的雕刻甚至会对上品冻石造成损坏。如必须雕刻，只可在表面上进行一些薄意、装饰的加工，其主要的欣赏角度不是雕刻而是石质。又如色彩缤纷的料石不适宜雕刻人物，也是这个道理。

通常，正面应该选取质地好、颜色好、透明度高的部分；而把质地、颜色、透明度相对较差的部分作为后衬或基座。有些石材的整体石质很好只是局部石质较差，对此可以具体情况具体分析。利用较差的石质部分，进行特殊设计和雕刻处理，用来衬托主体美。最重要的是将质、形、色三方面有机结合起来，进行大胆的设计和创新，以出奇制胜。若这几个方面发挥得恰到好处，那么作品一定会令人拍案叫绝。

对印章的制作和印钮的雕刻，凡用于观赏的方印章，一般应高于9厘米，过小过矮都无法体现印材的美感。印钮，一般要低于印章高度的1/3，如果超出这个比例，则会显得头重脚轻，令人不太舒服。

▲巴林冻石紫云钮章
规格：8×8×17厘米

尤其注意的是，在制作过程中为避免显得呆板，要尽量打破方章的传统布局，使其活泼起来。如古兽钮的雕刻设计，上山回头状的古兽与印章形成一个小斜角，从而打破了石章传统的呆板平台，使整个印钮活跃起来，同时也摆脱了呈90°角硬拐的古兽钮身的不合理形状。另外，也可以考虑对印章的形状进行变化。通过实践，可将方章的三面切整齐，另一面上的若干石料则用来制作印钮。这样不仅大幅度增加了印钮的表现空间，同时还挣脱了方章的外形束缚，收到了良好的艺术效果。

根据实践表明，在国内，越来越多的人把印材石和印钮作为陈列品来欣赏。在国外，西方人购买印章并不是为了刻印用，而是将其作为礼品馈赠给亲友，或作为艺术陈列品。为了使中国的印章艺术能与东西方美学观点融合，能有更多的东西方人了解中国的印章艺术，应力图在布局上有所突破，有所创新。

关于印材石的创新及汇入世界艺术长河，目前还有各方面的问题，有待爱好者共同进一步地探讨。

四　雕刻工具

早在古代，就有"工欲善其事，必先利其器"一说，意思是，雕刻工匠要想做好工作，使自己创作的艺术品更加出色，首先要磨好工具使其锋利，这样才能在工作中发挥最好的作用。由此可知，工具在产品生产中具有十分重要的作用，工具的好坏直接影响着产品质量的优劣。雕刻和印章制作的好坏与刀具的精良分不开。其器之利，主要是指刀具要选用适当的材料，合理的样式，还要有锐利的锋刃。

我国地域面积广大，各地使用的雕刻刀具也各不相同，但其主要还是用于料石的凿刻。因此，应以自己的习惯为标准来选择刀具的样式，没有必要拘泥于别人的样式。特别是初学者，在个人习惯和条件的基础上，广采百家之长，在雕刻实践中，不断更新和创造适合于自己的刀具，以适应雕刻技巧中千变万化的需要。

雕刻刀具主要是由白钢制造的，与车床上的白钢车刀相同。一般，白钢的硬度为6～6.2，根据不同的需要将白钢切割成不同的尺寸，一端开刃，一端镶装木柄或其他材料的柄。柄的粗细是由自己手掌的大小决定的，过粗拿捏不适，手容易累；过细用不上力，手容易打滑。刀柄不宜过于光滑，为便于使用，可适当刻上些横向花纹，以此加大摩擦系数。修磨刀具时，尤其要注意冷却降温，千万不能有鸡翎般的蓝色出现于刀刃部。除白钢外，其他材质的钢材会退火，硬度也会相应降低。

白钢刀主要具有以下优点：

（1）硬度较高。凿刻石料对刀具的磨损度非常大，因此如果使用材质硬度低的刀具，很快就会被磨损而变钝，使用钝的刀具对制钮会造成致命的伤害。

（2）不易生锈。一般白钢不会生锈，特别是经常使用的。锈蚀不仅会影响刀具的美观，还会对它的使用寿命造成严重的影响。

（3）购买方便。因白钢是一种标准的钢材，各工具商店均有出售，硬度准确，规格标准。在购买和制作中，可以避免因不清楚硬度、钢号而造成的不必要的浪费。

不过，白钢刀具也有其缺点，硬度虽然高但是有些脆。在使用过程中，锋利的刀具不宜去挖撬料石，否则刃部会崩断。此外，制作白钢刀具必须用电火花切割，因此加工难度较大，对自制刀具的人有些困难。

刀具除可以用白钢制作外，还可以用锋钢、水钢、贴钢、工具钢。一般，根据自制刀具的条件和雕刻对象来决定选何种材料。

雕刻刀具主要有4种，名称规格如下：

（1）开凿。主要是用来切割一些较厚的荒料。一般宽度为5～10毫米，刀口斜面较陡，通常情况下为单面刃，也有个别的做成双面刃。刀具长度大于20厘米，木柄后端要稍微粗一些。使用时，要用肩膀将刀具的后部抵住，以上身的力量推动刀具，从而对轮廓的定位进行粗加工。也有全金属制成的开凿，用手锤敲击后部进行加工处理。不过这种方法会对料石产生较大的威胁，容易出现裂纹，如果掌握不好还有可能损伤原设计。因此，粗加工的过程中一定要注意掌握分寸，不能一味地使用蛮力。同时还要注意防止滑刀，以免损坏雕件或割伤手掌。

（2）平凿。使用最为广泛的一种工具。长度为15厘米左右，宽度1~6毫米不等，刀身比较薄，平口单面刃。通常专用于雕刻开凿定型过的坯料。

（3）修光刀。也称修刀，形状变化多样，刃面形状有弧形、圆形、侧弧形，还有斜角单面刃形。其制作标准要根据个人的习惯，主要用于已经基本完成的作品的修光工作。

（4）特种刀具。在一些作品中，一些较为特殊的雕刻部位，要相应地制作一些特种刀具来解决雕刻过程中出现的难点。如各种加长细凿、针凿、三角刀、扁针凿、钩形刀等。

雕刻时为达到随意控制吃刀深度的目的，所有的雕刻用刀具都应该磨得口平角锐。如果磨制不得体，刀具很容易被磨"滚"了。滚在这里讲圆乎乎的，无棱角，无直锐边角的意思。使用这样的刀具，是很难制作出精美的艺术品的。磨刀时应选用240目一块（粗磨用）或400目一块（精磨用）的油石，此外还要求油石平整，为便于使用，通常在磨刀前要用水或煤油将其浸泡5分钟左右。磨刀过程中，右手捏刀杆，食指压在刀铤上，找准斜面，手腕要用力，以肘部为轴，前后平稳移动，不能前后及上下晃动；也可以左右手相配合一起磨制，不过动作要求先由轻至重，再由重至轻。为使磨后的刀具呈现一个平面，刀要持平，不能出现多个平面。磨制圆头刀过程中，特别要注意在磨斜面时，手腕要灵活自如地做弧形运动，不宜把刀杆捏得太紧，要灵活转动，主要是为了使刀平、顺、光、滑。

如今，随着科学技术的进一步发展，已经出现了使用机械来进行雕刻创作。以电动雕刻机使用最为普遍，通常将牙科医用球形钻头和锥形钻头，还有3毫米以下的工业铣刀作为刀具。主要是用来清除雕件上的荒料，大大提高了制作效率。但在最后的精雕和修整时，尽量不要使用机械来完成。雕刻作为具有中国特色的手工艺，过多的机械痕迹，将会破坏手工艺品原有的韵味，降低其价值。

另外，在使用机械的过程中，随着机子的运转，会使石的温度逐渐升高，容易出现裂纹或绺裂增大，或是鸡血变色等，使其受损或变旧。如果是初次使用雕刻机，周围环境要清理干净整齐，精力一定要集中，注意安全，避免高速工具碰伤手指。为防止吸入粉尘要佩戴防护口罩，但绝对不允许戴手套，以免发生危险。

五　雕刻技法

1. 浮　雕

按照雕刻深度，巴林石浮雕可分为高浮雕、浅浮雕、薄意3种。

高浮雕：也叫"三面看"。雕刻原料通常为山形料石，若前面部分的一层料石，颜色反差明显则更佳。以后面颜色部分来衬托前面颜色部分雕刻的景物，这是一种最常用的雕刻方式，可以最大限度地获取明快反差。为使雕刻的各种景物构图丰满，正面与侧面的比例合理，应尽量采用圆雕的技法。初学者应特别注意避免只注意正面的构图雕刻，而忽视侧面的图景比例。

高浮雕的制作常见有花卉、动物、人物等。高浮雕是巴林石雕常采用的一种技巧，处于浮雕向圆雕转变的过渡阶段。在

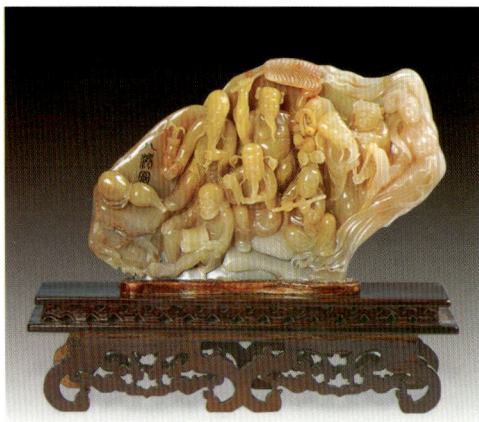

▲ 巴林黄《雕寿星》

▲ 白玉红浮雕飞天
规格：42×41×9厘米

学习雕刻时，首先要从构图设计开始学起，前后左右要全面顾及，循序渐进，不能为加快速度而剔除大量的荒料，导致最后因无法安排某些景物而改变原设计。其步骤如下：先把图画在料石上，用平凿沿线勾勒一遍，剔除空白部分的荒料。剔除过程中，要适时地停工审视，把不清楚的墨线补上，再继续进行，剔除荒料的同时进行深入的设计。达到预定深度后，要定型背景，然后完成前景的雕刻。雕刻时，应顾及总体设计，要有充分的留料，避免因突现的瑕疵而损害整个设计。待完成全部的雕刻后，用水砂纸将细部磨光，再用封蜡进行处理，这样一件雕刻品就完成了。

浅浮雕：相对高浮雕而言，浅浮雕所刻的景物通常比较浅。画面构图丰满，其装饰效果具有明显的中国民族特征。常见的图案有龙凤、山水、花卉及历史故事等。其步骤如下：在水中将料石粗粗打磨一遍，使其石纹和颜色显露出来，将有绺、钉、裂、砂的地方做上标记，然后结合石色的分布和石质的情况，再将作品的题材和构图确定。设计过程中，要尽量避开有绺、钉、裂、砂的地方，或根据实际情况把这些缺陷设计成山堆或怪石等景物。尽可能地通过巧妙的设计，淡化或掩饰这些缺陷，使其在成品雕件上基本找不到或不明显。

设计完成后，在料石上用毛笔细细勾画。线条要准确，要交代清楚翻转折叠的地方。设计定稿后，沿线条用平凿的侧尖勾勒一遍，刀锋要微倾斜于线条一侧，主要是为了保证线条的完整性。勾勒完毕后，要进行"清底"，即用小平凿将线条间的空白部分削剔掉，清底时要顾及全局，整个画面的基部要保持深浅一致。清底工作完成之后，再按照设计意图细致雕刻各线条。特别要注意翻转折叠地方的层次关系，力求交代清楚。虽然浮雕只是雕刻一薄层，但在结构上则要求具有较强的主体感。初学者总是会在线条和基础平面接触部位留下许多刀痕，行业中通常称之为"根不净"。出现此情况，用侧弧形修光刀是可以消除干净的，要求细致耐心地对沿线条进行刮剥。

高浮雕和浅浮雕是常见的表现形式，也是印材雕刻中最基本的技法。因此，初学者要想向更高难的圆雕过渡，首先必须要熟练掌握这两种技法。如果没有经过浅浮雕、高浮雕、圆雕这样一个循序渐进的过程，所雕刻景物的比例关系和准确布局是很难掌握的，雕刻各种景物的那种感觉也无法体会得到。

对于一个初学者来说，应该先掌握基本技巧，多注意观察身边的各种花卉、草虫及动物，尤其是较好的雕刻成品，先学会临摹，然后再根据自己的想法而加以变化。观察动物时，特别要注意它们的神态，因为传神对雕刻动物是至关重要的，身体的其他部分都只是次要的，可能会做变形处理。要做出一件好的作品，就必须使作品表现出它们的精神气质，具有一种传神之感。

薄意：一种非常薄的浮雕。这种雕刻方式会经常使用于质地好、透明度高、材料相对较小的珍贵冻石上，因为它的施用对料石材质的损坏较小，并且饱含诗情画意。

薄意的取材范围十分广泛，主要包括山水花鸟、历史人物及书法手迹等，其中以含有吉祥寓意的题材的应用最为常见。它的主要制作工序和浅浮雕大致相同，但是，凸起的部分通常要低于 0.5 毫米。在对料石的瑕疵进行遮盖时，要顾及到整个画面的布局章法，雕刻要随着凸凹的石形而进行，将用刀的技法与画面的诗意融为一体。

雕刻时，要将自己的情感融入作品当中，用心去刻。在薄意雕刻中，要展现出中国画的布局章法和画理，把名山大川无限的秀丽风光融于薄意雕刻的方寸天地，以小见大，这样才能达到那种意境。注意仔细清根，不要在薄意线条间留下空白处，要完成这项工作是需要很大的耐心

▲ 桃粉红浮雕自然形
规格：24 × 13 × 4.2 厘米
估价：3 万元

▲ 巴林石泥冻《人物》
规格：6 × 4 × 11 厘米

的。其后，要用 900 号水砂纸对作品进行磨光，这项工作需要非常仔细，而且不可以大面积地摩擦，要将水砂纸剪成条状，粘在小竹片上进行磨光，或是对折两次，用折出来的边角进行磨光，要着重修磨线条的根部。最后，还要对细部进行一些简单的装饰，如修整、开脸、开丝或点缀。薄意雕刻中最忌讳的就是"根不净"，应该引起雕刻者的高度重视。

2. 圆 雕

也称"立雕"，这种雕刻方式在巴林

▲ 凝墨石自然形
规格：20×6×4 厘米

▲ 鸡油黄石《红运当头》自然形
规格：23×16×3.4 厘米
估价：10 万元

▲ 鸡油石原石血的分布（之一）

石的雕刻厂中应用也十分广泛。用此雕刻的奔马，栩栩如生，气势宏伟，属于巴林石雕刻厂的保留产品，世界各地均有销售。

要制作一件圆雕作品，必须有一套准确、完整的设计方案，尽可能地把料石的各部分都加以利用。要求设计合理，不过有些也可以打破常规。例如，在颜色的利用上，可以依据自己对大自然的了解和认识来选择，不必拘泥于形式，如枝叶就只能用绿色来装饰等等。雕刻用色方面，绝对不应出现用色不当的问题。要掌握圆雕这项雕刻技术难度比较大，只有在长期的艺术实践中不断地学习和总结才能有所提高，另外还要多看一些图谱和各种石雕作品，来拓展自己的思路。

圆雕的制作大概需要经过设计、去荒料、定型、细雕、磨光、上蜡等几道工序才能完成。一块料石的雕刻首先要确定雕刻景物的布局，这必须根据颜色和钉、绺的情况进行设计。用墨线勾画出大致轮廓后要去荒料，一般使用开凿或雕刻机，所设计景物的雏形整理完成后，还要用平凿进行仔细的雕刻。

尤其要注意的是，用刀要准确，用力要适当。雕刻时要用右手的拇指、食指及中指将刀杆捏住，用无名指抵住雕件，左手拇指倚住刀铤，使其保持稳定，避免跑刀而划伤其他部位。对一些精细的镂空雕件进行雕刻时，首先要刻好它的外部纹饰，然后用手钻或雕刻机钻通内部，最后用平凿进行修整。此外，要根据实际情况来制作镂空件所用的特种刀具，以适应镂空雕刻为标准。

3. 平 刻

也称"阴刻"，北京地区还通常称之为"拨花"。平刻是各种雕刻中最省工的

▲ 鸡油石原石血的分布（之二）

▲ 鸡油石原石血的分布（之三）

▲ 巴林石三彩红扁印章

一种方式，但如果真正要将画面设计得古朴典雅，刻得出神入化，这是一件很不容易的事。此外，平刻对制作者的绘画能力要求也比较高。首先，用铅笔勾勒出大致轮廓。然后，用平凿侧尖或特制刻刀进行拨刻，通常使用随形石，也可以理解为是用铁笔在印石上写画。

绘画全部完成之后，将所要刻的画面用褚石加调少许墨色涂匀，干燥之后，再用潮湿的毛中把浮色擦去，整件作品就完成了。特别注意的是，画面一定要讲究章法布局，可以多参考一些诸如《芥子园画集》等画册。

4. 微 刻

这是指在印章之上拨写的字非常之小，每字仅有1毫米左右，或是一些更小的字，其形式极为生动。

制作步骤具体如下：将一块放大镜用支架夹持起来，作为观察镜，把两个小铁夹分别夹在头发丝两端，放在印章上作为划线，透过观察镜进行刻写，最后用白水彩色涂抹，这件作品就完成了。

制作熟练以后，不需要观察镜也能进行刻制。这种工艺要求制作者的书法根底要好，再多加练习，就能够达到熟练掌握微刻的标准了。要注意的是，印章需有光洁的平面，以选用较深颜色的单色石最佳。

▲　　胭脂冻高浮雕扁章

规格：5.5 × 4 × 12 厘米

估价：60 万元　　巴林石中的珍奇品种

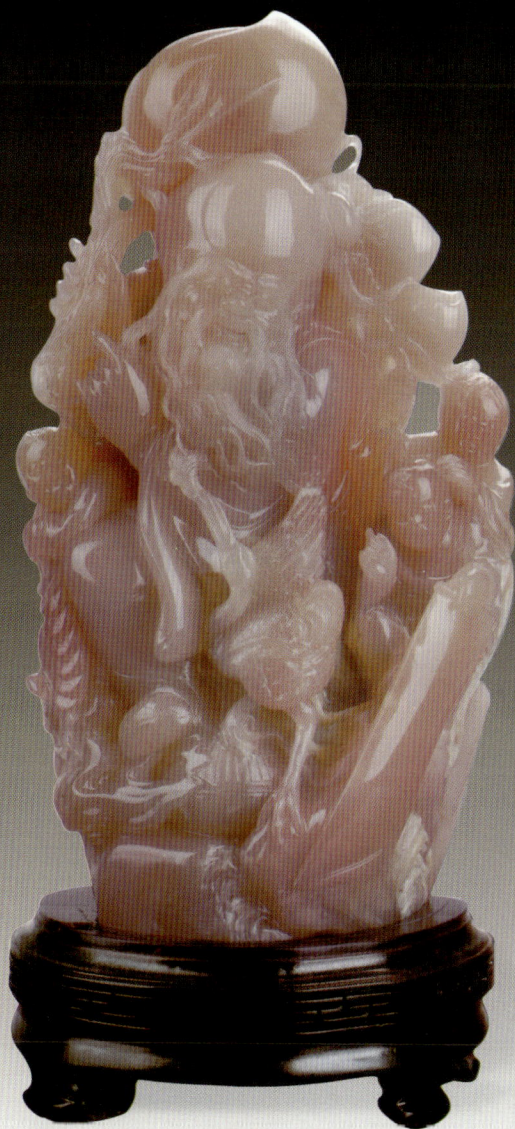

▲ **藕粉芙蓉冻雕件**
巴林芙蓉冻中之精品，极为珍贵

第三章

巴林石防伪辨识

一 巴林石的防伪鉴别

近些年来，随着巴林石的知名度不断提高，伪造的巴林石也随之涌入市场，有的甚至已经达到以假乱真的地步，不仅损害了巴林石的形象，也让广大的巴林石爱好者蒙受损失。为尽量减少这些损失，下面介绍几种防伪鉴别方法，供作参考。

1. 巴林石的制伪与鉴别方法

（1）冒充法及鉴别

冒充法，用别的印材石来冒充巴林石的一种方法。近年来，用其他印材石冒充巴林石的现象在全国各地时有发生。虽然这些印材石中有的与巴林石极为相似，但质地却相差得太远；有的一点都不像，可却被称作是巴林石的品种之一。

鉴别方法为：平时要多看一些关于巴林石的书籍，多接触一些巴林石，从而加深对巴林石的认识和理解，只要对巴林石的基本特性非常熟悉，冒充法则会不攻自破。

（2）镶嵌法及鉴别

镶嵌法，在自然形或雕件中使用的比较多。主要是将一些质地比较好的冻石或彩石挖去其中一部分，然后镶嵌进去一块同样大小的鸡血石；或是把一些大小、深浅不一的坑刻在比较醒目的地方，将鸡血石碎料蘸上胶水嵌入，待自然干燥后，把它磨平，最后还要把石粉填入镶嵌的细缝中，磨平后上光；或是把一块切成薄片的鸡血石，贴在没有血的石头上面；或者是先把小块的毛石黏合，然后进行加工处理。这样，一块普通的巴林石就变成了一块价值不菲的鸡血石。鉴别方法是：对鸡血部分的质地要细心观察，还要对比无血的部分，一般都能够看出明显的不同之处，镶嵌的鸡血石的血色和纹理非常不协调。另外，也可以仔细观察血线或血面，突然消失的地方即是镶嵌的结合点。

（3）描绘法及鉴别

描绘法，在印章上比较常用。主要是在无血或很少血的巴林石上，用红漆或硫化汞进行涂抹，有的时候为了表现稍有层次感的鸡血，通常在阴干后还要多涂几次，然后将其浸入树脂里，晾干后上蜡就完成了。近年来，新兴的树脂层出不穷，透明度高，耐老化，而且还利用一些极薄的树脂，真假血色相混淆，不容易辨认。甚至有的采用合成法，全部用树脂仿造出假巴林石。鉴定办法是：用脸来测试它的温度，有一种清凉感觉的为真石，而没有这种感觉的为描绘的石头；仔细观察血色，血色鲜艳活泼，纹理清晰的为真鸡血石，而血色呆板，纹理不清晰的为描绘的鸡血石。另外，也可用刻刀削切下一些碎屑，用火烧，能够燃烧的则是假石。

（4）煨色法及鉴别

煨色法，主要是选取一些较纯净、裂纹较少的巴林石，然后将其用糠火煨煅，从而使它的色质发生改变。还有的是经化学方法处理过之后，再进行火煨。如黄色石料经火煨会变为红色，青白色石料涂刷硝酸铁溶液后，经火煨会变为红色，油浸之后经火煨会变为黑色等。虽然石色在经火煨后会发生改变，但只能深入到肌理2~3毫米的位置，它的内质仍是原色，石性会逐渐脆硬起来，用刀一刻，其真伪便可得知。近年来，还发现有的假福黄石是用激光加色制成的，经细心观察则会发现，假福黄石不如真福黄石的颜色均匀，纹理自然。

（5）添补法及鉴别

添补法，通常在巴林石雕件上使用。它是根据雕件设计所需，将鸡血石、冻石或彩石用胶水添补在某个部位，接缝处要填入石粉，有的还以工艺作为装饰，刻上云彩、山石等，来遮盖添补所留下的痕迹，然后将整体进行磨光、上蜡。这样，小件变成了大件，普通巴林石雕则变成了价值几万或几十万的鸡血石雕。鉴别办法是：如果一件雕件的体积较大，千万不要相信是由一块巴林石雕刻而成的，而要仔细检查颜色、质地上差别明显的部位，尤其是鸡血部位的周围，贴接缝或刻刀划刻的地方，都可感觉到有明显的差别。

在四大印石中，巴林石作为近年来崛起的新秀，以其艳丽的颜色和充足的货源，在国内外市场占据了主要份额。它的价格也不断上涨，由最初的几倍调至十几倍，甚至几十倍。诸如巴林黄、杨梅冻、灯光冻等一些好的精品印材，每枚印章价值数百元至数千元。其中以鸡血石的涨幅度最大，上好的一枚鸡血印章价值万元，也是难求之珍品。

2．真假鸡血石的识别办法

巴林石主要依据石质的优劣和颜色的美劣来评估印材的价格。以其他地区产出一些石质顽劣、颜色不美的价格又很低的石材来冒充巴林石的现象层出不穷，其中巴林鸡血石是最主要的被假冒伪造的对象，造假者为获得更大的利润而挖空心思。这几年，鸡血石的大量伪造不仅给中国印材市场造成很大的混乱，同时也给旅游事业带来不好的影响。

识别假鸡血石其实很简单，完全可以避免上当受骗，只要掌握好如下几点：

（1）大多数伪造的鸡血石，是用低分

子环氧树脂制成的。在可疑之处用手掌或拇指快速摩擦，当手感到发烫时，闻一闻鸡血表面，如果发出一股刺鼻的树脂味就是假鸡血石。

（2）在允许的情况下，也可用火焰法进行辨别。用打火机或火柴燎烧鸡血石的边缘，真鸡血石不变色，不发臭；假鸡血石则会变黑，并发出一股刺鼻的树脂味。

（3）面对光源，把鸡血石侧过来进行观察，在制造稍差的鸡血石上，一般可以看出有黏过的痕迹，且血色呆滞，发假。

其中，从真鸡血石下脚料上剔出来的血石块为造假的原料，在真的低质量的鸡血石上造假的血是最难识别的，此类假鸡血石，真假难辨，就连许多经验丰富的技术鉴定人员都有可能看走眼。

鉴定鸡血石，首先要保持一种平和的心态，不要过早下结论。为避免上当受骗，最好是以上几种方法并用，切莫放过任何细节上的可疑点。

二 巴林鸡血石与昌化鸡血石的鉴别

要区别巴林鸡血石和昌化鸡血石，首先应该从它们各自在血色、血形、物质组成、加工性能等方面存在的差异入手，然后通过细致的观察和研究，最后才能确定它的准确名称。

巴林鸡血石，也叫"内蒙古鸡血石"。它的石质地子比较好，通常为半透明状，色彩鲜艳，地子和血相映成趣，非常漂亮。巴林鸡血和昌化鸡血一样，都是汞的化合物(硫化汞)。但整体观之，与昌化鸡血石相比，在性质、产量、鲜艳度、稳固性方面，它们之间还是存在着一定差异的。

（1）从地理方面来看，两者都属于脉状结构的矿石，像是"三明治"中间夹着的一层火腿。但是整个内蒙古石矿脉中，巴林鸡血石只是其中的一小块或一段，比昌化鸡血石容易开采，产量也相对较大。

（2）从质地方面来看，巴林鸡血石坚而脆，不如昌化鸡血石细腻。但是很多巴林鸡血石之所以称为"冻"，是因为石料中所含的水分比较多，均呈半透明状。切割打磨后，要将其表面用蜡封住石肤上的毛孔并妥善存放，否则如果长期放在室外通风处，石体就会因水分挥发而出现裂纹。同时，红色的硫化汞"鸡血"也会因水分的挥发而氧化，逐渐变暗、变紫，地子还会出现开裂。

（3）"昌化鸡血"具有鲜、凝、厚的特点，品种主要有块红、条红、斑红等几种，有的甚至石章六面满是血，可称得上是"鸡血淋头"；而"巴林鸡血"没有六面满血的情况出现，通常都只是一丝丝的血筋状，纵横交错，散而不聚，非常容易氧化而发暗，因此要想使红色复显，必须磨去表面的一层。巴林鸡血石中有一类淡净"鸡血"，似粉红色，不鲜不浓，若是凝结在蛋青色、呈半透明状的地子上，犹如初放的桃花，又如夏日的彩霞，十分明艳，通常称之为"桃花血"或"彩霞红"，这在昌化鸡血石中是没有的。

（4）昌化鸡血石中所含的杂质和钉较多，雕凿的难度较大，而巴林鸡血石和其他巴林石一样无杂质和钉，都属于制印和雕刻工艺的上好材料。

目前，昌化鸡血石已经到了濒临绝迹的地步，而巴林鸡血石恰好起了一种承前启后的作用。根据目前的市场价格来衡量，昌化鸡血石的地位要占据一定的优

▲ 羊脂冻昌化鸡血原石

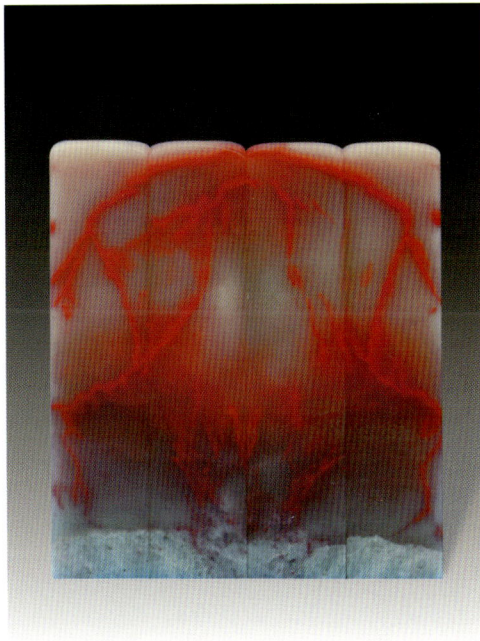

▲ 巴林鸡血石四联章

▲ 藕粉冻昌化鸡血对章

▲ 金银冻巴林鸡血自然形

规格：20 × 15 × 10 厘米

估价：60 万元

▲ 雪花地昌化鸡血方章

▲ 巴林彩霞红鸡血方章
规格：2.6 × 2.6 × 11 厘米

▲ 艾叶绿昌化鸡血方章

▲ 巴林石晨曦冻方章
规格：3 × 3 × 12.5 厘米

势。不过，有些人认为它们各具特色，各有千秋：巴林鸡血石质润且血红，犹如锦上添花，可谓"南血北地"；昌化鸡血石质韧且血鲜，形成强烈对比。

但是，众多印界人士认为巴林鸡血石属于高等良石，要好于昌化鸡血石。这些认识并不全面。认为昌化鸡血石比巴林鸡血石好的观点，其产生原因可能有以下三种情况：

（1）受先入为主思想的影响。在我国，昌化鸡血石已经具有600多年的历史，而巴林鸡血石才初露头角，因此，昌化鸡血石的名望在先。

（2）以偏概全，含有片面思想。有的人只见过上品的昌化鸡血石，而没有见过上品的巴林鸡血石，以昌化鸡血石的上品来比较巴林鸡血石的中下品，因而，得出一种片面的结论。

（3）知识面窄，因缺乏保养知识而造成的误解。有的人因不懂鸡血石的保养，使"血"变了色还要怪罪于石，昌化鸡血石也不例外，如果保养不当也会变色。要避免这类问题的发生，就要做到避开高温和强光。万一发生了变色，只要将鸡血石浸入石蜡油中，过些时候再取出来，血色又恢复了最初的艳丽。甚至有些人还更喜欢这类变化，并且认为此鸡血是"活血"。

巴林石沉睡于地下已达上亿年，人们对它真正有意识、有规模地开采与挖掘只有30多年，但是巴林石的种类繁多，质地较佳，色泽艳丽，价格适中，已被人们所赏识。近年来，巴林石有取代其他印石之势，受到普通消费人群的欢迎，成为印石市场上的"新宠"。巴林鸡血石中，血红且地子好的特殊品种，在印材市场上同样享有很高的声誉。

▲ 豆春地昌化鸡血石

▲ 巴林鸡血石四联章
规格：3 × 3 × 18.5 厘米

第四章

巴林石的选购与收藏

一　巴林石的选购

　　自 1973 年以来，巴林石矿的规模开采，再加上民间的随意开采，现在已产出数千吨的巴林石、数十吨以上的鸡血石，供全国 20 多个地区、数十家工艺美术厂所用。产品达 20 多个品种，主要有印章、文房宝器、烟茶用具和山水、花卉、鱼虫、鸟兽、历史人物等雕件，并销往国内外的数十个国家和地区。目前，巴林鸡血石的售价不断上升，因长时间的不合理开采，其珍品也正在日益减少。关于巴林石原料的价格，20 世纪 70 年代初，由于刚问世的缘故，矿石每吨仅售 300 元人民币，鸡血石每吨 1200 余元人民币；1978 年，两块 14 × 6 × 6 厘米的方章料仅售价 2000元人民币，由优质的巴林鸡血石加工而

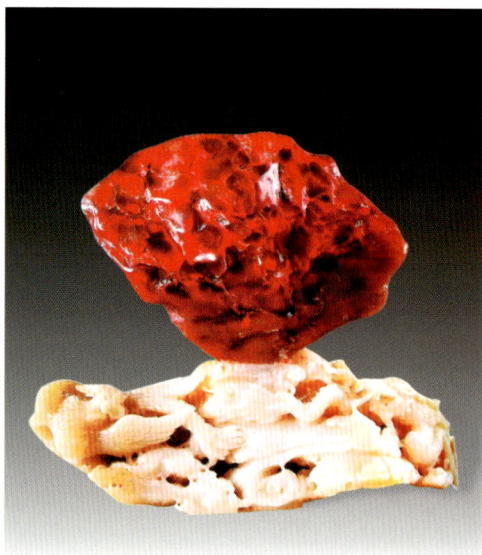

▲ 夕阳红自然形

规格：40 × 46 × 15 厘米

估价：300 万元

成，六面见血，却还有"退货事件"发生，可能是由于当时的巴林鸡血石还处于一种"养在深闺人未识"的阶段；到了20世纪90年代初，巴林鸡血石每吨售价已达30万元人民币，优质的鸡血石每吨已逾百万元人民币。作为雕刻工艺品，巴林石具有极高的审美价值和收藏价值。因此，受越来越多的收藏者所喜爱，把它作为艺术品选购与收藏起来，在一定程度上也促进了巴林石雕刻艺术的不断弘扬和发展。

人们对巴林石的认识，随着长期的生产实践而不断深化，对其石质的品评和品种的划分也日趋科学化。在选购巴林石时，人们主要是通过品质地、品色泽、品石艺、品意蕴来对其进行鉴别的，并将之归纳为"四品"。

1. 品质地

主要是品评鉴别巴林石质的温润、细腻、洁净等程度。作为印材名石，巴林石的质地温润、细腻，柔而易攻；作为观赏名石，其质地肌理清晰可见，若脂若冻。不同的矿石都以其独特的性质所取胜，造型石以型，纹理石以意，矿物晶体和化石以科学价值，而巴林石则是以质地独树一帜。因此，品评质地对选购巴林石具有重要的意义。鉴别家们将石质总结为"六德三贱"："六德"即温、润、细、腻、凝、结。"温"即质地内含宝气，不死结；"润"即质地温润娇嫩，不干燥；"细"即质地致密细滑，不粗糙；"腻"即质地光泽明亮，不缺油；"凝"即质地庄重聚集，不浮散；"结"即质地结构紧密，不松软。"三贱"即粗、脆、松。"粗"即质地粗糙，手感发涩，无光泽感；"脆"即质地坚硬疏松，容易出现裂纹或破碎；"松"即质地不紧密，不耐用，

▲ 白玉红自然形
规格：30 × 20 × 15 厘米
估价：80 万元

▲ 彩霞红自然形
规格：66 × 25 × 72 厘米
估价：35 万元

轻碰即伤，不适宜制作印章。这些标准对巴林石的品评虽然有些抽象，但非常精辟。要想更准确地品评鉴别巴林石，首先要对巴林石的质地进行透彻的研究，然后才能更深刻地理解这些标准，从而运用起来才会得心应手。

2. 品色泽

主要是品评鉴别巴林石的颜色和光泽等方面。巴林石的颜色丰富多样，有赤、橙、黄、绿、青、蓝、紫。另外，还可以将其划分为基础色、过渡色、交融色、混合色等。在鉴赏家品评巴林石中，常有"以红黄为贵，蓝绿为绝，五彩为奇"之说。但是，以此来评论高低只是片面的。色彩和光泽都是物体给人产生的视觉效应。巴林石之所以深受赏石者的喜爱，首先是因为它能给人以自然感、美感。目前所看到的各种石体的色泽，不是人为的，而是自然造就的真色，这种自然感越真实，品位就越高，因而就越显得珍贵。其次是奇异感。人们常会因颜色的五彩斑斓，光泽的妙趣横生而有一种奇异、新鲜感。这种感觉引起人们无限的联想，积极去取其美好的象征，这正是在品味巴林石色泽时所追求的一种感受。最后是趋同感。虽然人们对色泽各有所好，表现出一种很强的个性，但有些感觉却是共性的。例如黑给人的感觉最暗，白给人的感觉最明，蓝给人的感觉最冷，红给人的感觉最暖，紫给人的感觉最远，黄给人的感觉最近等。这些颜色所反映的意蕴能够在巴林石的色泽上得到充分的体现，这也是品味巴林石色泽时之所以能得到美感的重要因素之一。

3. 品石艺

主要是品评鉴别巴林石的形状、纹饰、图案及加工后的作品等。这是在对巴林石的特征进行充分认识，尊重大自然创造的基础上，从自然中发现并加以美化所表现出来的艺术。巴林石有别于其他的观赏石，主要是由于它块大且宜于加工，其外形具有很强的可塑性。此外，有些花纹图案因深藏于石头中间，必须将其切开后才能发现；有些处于像与不像之间，必须反复揣摩才能获取，略不留神，就会错失。巴林石在没有进行过任何加工时和别的普通石一样，欣赏价值并不大，其丰富的色彩，亮丽的光泽及如画的图案，只有在打磨之后才能被人们所看到。如果再加以细致的雕凿，并融入艺术家们创造性的思维及技巧性的劳作，巴林石的价值则会倍增。对鉴别石艺，鉴别家有"按料取材，因材施艺，艺有所成"之说。这主要指的是巴林石的

▲ 火鸡红雕件

规格：38 × 32 × 8 厘米

估价：42 万元

造型艺术属于"天人合一"，充分利用巴林石的石质美、色彩美及图案美，再通过构图、设计、制作、命名等将其进行有效的升华，在巴林石原有天然魅力和神韵的基础上，又将丰富的内涵和独特的艺术风格融入进去。巴林石的鉴别是对石质和石艺的鉴别，只有将石质和石艺结合为一体，才能充分体现出巴林石的艺术价值，品评鉴别时才能体会到真正的艺术享受。因此，品石艺不仅要有眼力、耐性，还要具备一定的艺术修养。

4. 品意蕴

主要是品评鉴别巴林石深刻的文化内涵。俗话说，艺术之美，它的可贵之处就在于发现。巴林石拥有悠久的历史，含有丰富的文化底蕴，从中可以去追溯北方民族的文明进步史和窥见中华各民族同步演进的历史轨迹。巴林石因源于自然而生性奇特，从物理学的角度来对其进行研究，运用科学的理念来推测出它形成过程。巴林石石面堆积有丰富的色彩和线条，形神兼备，在像与不像中，可以尽情地发挥自己的想像空间来参与再创作。总之，要品评巴林石，不能只局限于它的表面现像，还要努力去挖掘它丰厚的思想文化内涵。要做到这点，必须具备以下几个方面：首先，自身的文化素质很重要，这是品评巴林石的基础。不然，即使面对极品也会不知所措。其次，具备一定的审美观念，要从不同的角度去审视每一块巴林石，这是品评巴林石的深化。要想创作出好的作品，必须从中进行仔细的分析和筛选。第三，要富于联想，这是品评巴林石的飞跃。要去激

▲巴林彩石《梦幻》自然形
规格：6 × 4.5 × 14 厘米

发内心深处的想像力和创造性思维，品出巴林石中所深含的灵气，从而感受到人与大自然的和谐和交融。通过对巴林石的品评，不但能从外表得到感观上的享受，而且还能从内在体会到情感上的愉悦。

二　巴林石的收藏

在众多的收藏品中，巴林石收藏的热度近年来不断上升，特别是福黄石、芙蓉冻、水草花等名贵品种的价格持续上涨。带有特殊形象的图案石、彩石也是人们收藏的抢手货。但巴林石收藏最热的应该还是鸡血石，这是因为鸡血石储量不多，开采量小，因而价格就高，名气也大。

收藏是一种高雅的文化活动。巴林石收藏者应对所藏品有一个全面而深刻的认识和了解。收藏者还要有长远目光，今天的名贵品要收藏，不起眼的也应有所收藏。因为今天不算名贵的品种，并不代表明天依旧平凡。平常还要注意多了解一些巴林石矿的采矿方面的信息，随时收藏一些新发现的品种。还要经常和一些藏石者进行交流、交换，调剂余缺，使自己的藏品品种丰富齐全。

巴林石收藏者主要可划分为两种类型：一种是科技型的收藏者。多数是一些自然博物馆、科研单位、大专院校、石雕企业、地矿机构和收藏家，为了进行陈列、研究、教学和宣传，不仅要注重品种的完整性，还要注重藏品的档次。另一种为综合型的收藏者。这类收藏者既收藏，又进行交换和出售，他们可以以石养石，从而进入一种良性循环的轨道。巴林石既是文化，又是艺术，也是商品。拥有一块好的巴林石，不仅是财富的象征，还是文明程度、文化素质及艺术修养的象征，也可以说是融人格、精神、身价为一体的象征。

他们收藏巴林石，其目的不仅是为了怡情、休闲，更主要的是通过收藏，买卖交换，从而达到增值目的。不过，要注意的是，巴林石的收藏具有浓厚的文化属性，与股票、证券等纯经济的投资行为是不同的。收藏者既要对市场行情进行了解，又要对巴林石方面的相关知识进行学习和研究，以此来提高自己的文化修养和鉴别能力，避免因上当受骗而造成不必要的经济损失。

巴林石品种丰富，优劣悬殊，销售价格也大不一样。目前巴林石矿的料石中，鸡血石的售价是最高的，每吨可达几万

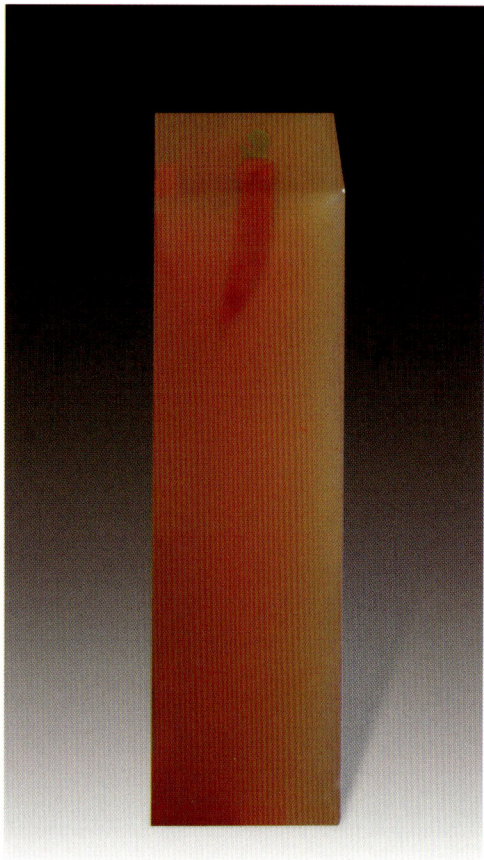

▲ 巴林石芙蓉冻素章

元，甚至几十万元。而质量好的鸡血石块体，就以单块估价销售。鸡血石内部所含的汞化物，其含量和分布情况在外部没有明显的特征。有的鸡血石从外部来看情况很好，血足而且很艳，但开料到中间部分时，就鸡血全无；而有的外部只有丝丝点点的散血，但中间部分却出现大块鸡血，有如红瓤西瓜。这种情况连长期从事印材加工的人员也很难判断准确。这同玉器行业中鉴定翡翠的情况很相似。所以，在购买鸡血石原料时，除具备这方面的相关经验和知识外，还存在着一个"运气"问题。

此外，巴林石中还有一些档次较高的冻石品种，其售价每吨也在万元以上。但

▲ 巴林多彩冻石钮章

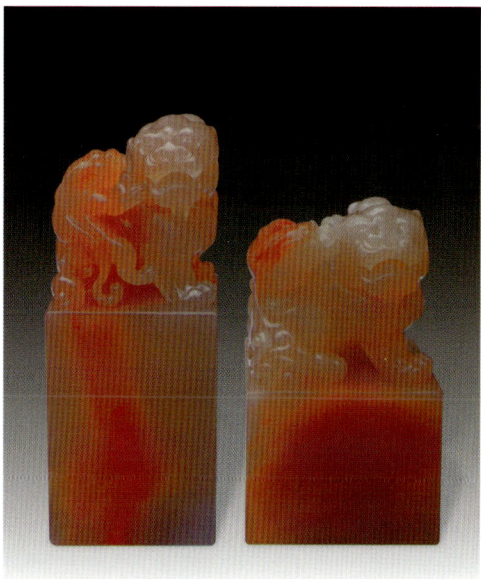

▲ 巴林石玛瑙冻钮章
规格：3 × 3 × 11 厘米(左)   3.5 × 3.5 × 8 厘米(右)

这类冻石的鉴别是有章可循的，比鸡血石要容易多了。论颜色，各品种都不乏有其独特的颜色，只要颜色纯正，无绺无裂，无杂质的都是上品，这些从外观上都是可以把握的。不过，对颜色的鉴别要特别注意光源。

光源的不同或光源的强弱，对石料的颜色都会造成影响，即使只是极小的变化，也会使判断出现失误。目前，利用的光源主要有两种，一种是日光，即自然光；另一种是灯光，而灯光又有白炽灯和日光灯之分。光源不一样，色温也是不一样的。如同是灯光，白炽灯和日光灯的色温就有明显的不同。并且不论何种光源，它们的直接光和漫射光都会有很大的不同。

因此，在对一些高档石料鉴定时，千万不要在灯光下进行，任何一种灯光都会影响人的视觉效果而产生误差。唯一正确的方法是在日光即自然光下，选择晴天的室内，采用漫射光线进行观察。尤其是鸡血石，切忌让阳光直接照射，否则鸡血将会褪色，从而造成难以弥补的后果。

近年来，随着人们对巴林石认识和了解的深入，除了一些欣赏型的收藏者外，众多的投资型收藏者也加入了巴林石收藏爱好者的队伍，巴林石收藏队伍不断扩大。而巴林石本身的精美绝伦也不断激发着收藏者的热情，巴林石收藏方兴未艾。

第五章

巴林石的保养及加工

一　巴林鸡血石的封蜡保养

1. 巴林鸡血石的收藏保存

巴林鸡血石是一种非常名贵的宝石，其艳丽无比的红色动人心魄，并征服了国内外广大巴林鸡血石收藏家和爱好者，很多外籍人士还以拥有名贵的巴林鸡血石印章而感到自豪。如果要使收藏的巴林鸡血石保存得更加完好，永放光彩，最好要做到以下几点：

（1）印章鸡血石成品的保存

印章鸡血石成品应保存在锦盒内，还要将泡沫塑料镶在里面，这样印章就不会晃动，最好放在避光、温度较低、空气湿润的地方。石材在干燥的空气中，时间长了就会失去润性。玩石的人，手上和鼻头都常会出汗油，加之用印时石材自身所吸收的印油，这些都可以为印章增加水分和营

▲ 巴林石蟹青冻钮章
规格：2×2×13.8厘米

养，久而久之，保存的鸡血石章就会变得光洁温润，古色古香，惹人喜爱。

（2）鸡血石原石的保存

鸡血石原石应保存在恒温、湿润的土层里，如果不具备这条件，则应浸泡在水中，保持充足的水分，再把原石用外层涂料进行封闭。如果是放在橱里作为标本，则要每隔一段时间用水浸或油煨。

（3）变色鸡血石的处理方法

鸡血石成品或鸡血石原石若是存放不当则会发生变血，其处理方法就要视变血程度而定。如变血严重，就要重新处理鸡血石，用砂纸打磨或用刀刻，直到好血露出来为止；如变血轻微，红血只是变成了紫血还没有发黑，这时只要把鸡血石放在优质豆油或花生油中浸泡半个月或一个月，就会重新恢复最初的血色，而且地子

▲ 鸡油黄高浮雕方章
规格：5.6 × 5.5 × 12.2 厘米
估价：80 万元

也变得更加滋润。

2. 巴林鸡血石的加工方法

巴林鸡血石作为一种十分珍贵的石材，要想将其加工制作成一件满意的作品，必定要经过长期的缜密思考，设计出好的图案，运用高超的技艺才能驾轻就熟地完成。巴林石的具体制作工序如下：

第一道工序是相石。要对暴露在石外的血面、血点、血线进行观察，分析其内在与外在之间的联系。经验丰富的人才能看出料石内在的东西，在制作时即能得到印证。对料石要从多方面来观察：一是看料石的鸡血红数量和分布走向。鸡血以大面积的分布为胜，以满布的血点为巧，以向下弯曲如流为奇。鸡血的分布一般呈脉状、点状和丝状，其中以脉状居多。二是

▲ 巴林石葱绿冻钮章

▲ 蓝天冻方章

规格：4×4×9.5厘米

此品是巴林石中珍稀品种，巴林石缺少蓝色

看料石的地子是否透明温润，这对于鸡血石是相当重要的。如果一块印章透明度很高，并有缠绵的血脉若隐若现、若即若离地漂浮于其中，那么，行家定会对这枚印章拍手叫绝，其身价也会倍增。反之，如果干燥的瓷白地子，那么即使有大面积的鸡血，其观赏和收藏价值也不会太高。因此，鸡血石的地子以浅色、纯净为最佳，应以素净为第一选择，过于繁杂的花纹不应在考虑范围之内。要尽量躲开红花石的地子，以确保鸡血的价值。三是看料石的颜色和可能出现的变化。鸡血的颜色以正红色为最佳，颜色偏淡为嫩，颜色偏黑紫为老。鸡血的颜色偏嫩还可供玩赏，若偏老至紫红色，鸡血表面就会形成一层如红汞药水干燥后的金属光泽，这时已经无可救药，基本上没有任何的观赏和收藏价值。如果鸡血料石能够占据这三个条件的中上等水平，那就实属难得了。

第二道工序是确定用途。这实际上是

相石的继续，确定是用来做图章，还是用来做摆件。若鸡血的面积较大，石材颜色单一，则适用于做石章；若是鸡血的面积较小，石材多含杂色，则适用于做摆件。根据血的走向来考虑，可将制作石章分为方形章和随形章（也称自然形章）两种。血形较多，血线多为不规则的石材可制成方章；血形单一，只有血面一种形式，并且血的走向很少，这就只能根据地子的情况来进行取舍。沿血线随形将血面提出，其结果自然是制成随形章；若所遇石材的鸡血分布为上述两者之间，加工制成的章料则为上随形下方正。制作摆件可分为雕刻摆件和原石摆件两种。雕刻有圆雕和浮雕之分，而浮雕又可分为高浮雕与薄意浮雕。不论是圆雕、浮雕，还是薄意，原石摆件的主要决定因素为石质的优劣程度。若石材上有杂色，或有绺有钉，制作图章便无取舍的余地，这对于原石摆件来说是一个致命的弱点；而雕刻摆件则不同，钉绺可以用圆雕来去除，浮雕还可以用于俏色。无论石雕艺术中有多少门类和技法，量料取材，妙用巧色，这是石雕最根本的，也是其相同之处。

第三道工序是切石。水胆玛瑙切割，留得余地大，水胆部分就暴露不了；而留得余地小，则可能会露水，水胆中只要有水流出，再昂贵的玛瑙都会丧失其价值。切鸡血石也是如此，留得余地大，血色部分暴露不了；留得余地小，好血则可能被切到下脚料中去，切口要切得恰到好处难度很大。因此，切石前，要把鸡血石原料放入清水中，将表面的泥土用毛刷刷去。少数的"跑窝"鸡血料石表面还包裹着一层很坚硬的黄色礓皮，必须用小手锤将这层礓皮轻轻打去，否则会损伤锯齿。力气大小以打掉礓皮为止，不可用力过猛，如果在料石上打出许多白斑，则会对观察血脉走向造成影响。切石时，切口最好离血面远一点，然后用圆角刻刀把血一点点找出来，直到露出粉红色的血为止。否则见红后就开始用细砂纸打磨，会对血有一定的伤损。打磨时用力要轻，稍露本色即可。

第四道工序是雕刻。一为高浮雕或薄意雕刻，二为圆雕，三为划白刀即皮雕。用国画来类比，浮雕类为写意，圆雕类为工笔，白刀类为白描。雕刻艺术除了因材施艺外，最讲究的还是艺术造诣。有雕塑或书画功底的人，刻制出来的工艺品必定有大家风范，反之，则会俗不可耐。如林清卿是当年福州一带的名家，曾为了向一名画家学习作画而停刀4年，使之意境大有提高，薄意浮雕的技法就是由他所创作的，后人称赞他为："用画理于石面，一变陈规，自立新意，雕与画融为一体，把薄意技法推向光辉灿烂阶段。他不拘格式内容，构图均视石的形态纹理，先施画于石面，用刀勾勒，再刮去地底，画面便成浮雕。最后剔出层次，起伏凹凸，厚不盈分，疏密相间，顾盼有情。繁则重峦叠嶂，简至一草一虫，莫不微妙入神。石的砂、格都被利用，缺点尽除，价值倍增，为艺林所重。龚纶曾称之为'精巧绝伦'。花卉妖媚生动，写生亦人莫能及，山水竹木亦静穆浑厚。"林清卿先生的作品流传至今，并且价值很高，一方2×2×8厘米的圆雕石章（已破损）的价值就高达3万美元以上。另外，他的成功之路也让人受益匪浅，耐人寻味。

第五道工序是打磨。打磨时要由粗到细，如果作品刀口清，可以用细砂纸直接进行打磨。特别注意的是，打磨图章时要避免伤角，打磨雕件要避免走型。

第六道工序是抛光。在用细水砂纸和金相砂纸打磨后，最好用倍数较大的放大镜来观察一下打磨效果。虽然有的用肉眼看上去很平滑，但是在放大镜下观察后才发现，砂纸磨过的地方留有像丝绒的痕迹，有此现象一定要处理，否则会影响光泽。对于一块好的鸡血石，即使花费再多的时间也是值得的。接着，选用在地面下埋的时间较长的古建筑青砖，越久越好，把它用工具磨成细粉，多次用水过滤后，选取其中最细的那部分把石作放入浸泡一周，用葫芦瓢或高粱秆心黏砖泥对石作进行第二次抛光，这次是由湿到干，砖泥湿时摩擦速度可慢，快干时速度则可加快，由于摩擦生热，可以使其打磨得更亮。待干燥后，这道工序也就完成了。

第七道工序是封蜡。这道工序最为关键，其难度也最大。实践经验表明，鸡血石最忌讳高温，而蜡要熔化没有高温条件是不行的，这实在是生瑜又生亮，天生相互矛盾。如果封蜡处理得不好，前功尽弃倒还是小事，最主要的是鸡血石的价值会猛跌，要想做到未加工的鸡血石和封蜡后的鸡血石具有同等的净值，必须要遵守如下方法：

取2/3的蜂蜡和1/3的石蜡，把它们一起放在容器里进行加热，直到熔化。然后将其冷却，把鸡血石置入一个可提取的罩子上，放入半液体半凝固状态的蜡里再迅速提出，如此反复进行，直到包上的冷蜡有近半厘米的厚度。这时逐渐增加蜡的温度，把包着冷蜡的鸡血石放入其中，鸡血石因有一层冷蜡间隔不会直接受热，逐渐加热时蜡也就不会融化了。鸡血石经蜡封后立即取出，将浮蜡擦掉，缓冷后用软毛巾擦光，这道工序便大功告成。另外，根据鸡血石受热时血色加重的原理，封蜡过程中鸡血原石血色重的，要把温度控制得低一些；鸡血原石血色轻淡的，要把温度控制得高一些，使血色加重变红。

二　巴林冻石的保存及加工

　　巴林冻石的质地细腻，密度较大，因此，要对冻石进行开采、保存和加工，其难度系数是很高的。难度一，开采过程中，土层和围岩石都要剥离，人工生产则工作效率太低，用炸药崩也是不可行的，冻石会因巨大的炮响震碎或震出暗纹而变得毫无价值；难度二，冻石一旦开采，就会和空气接触，自身的压力也会减弱，稍有不慎就可能被风化；难度三，若冻石风干脱水，加工过程中遇暴热或急冷都会碎裂。因此，巴林石的制作首先要认真做好以下三个环节的工作：

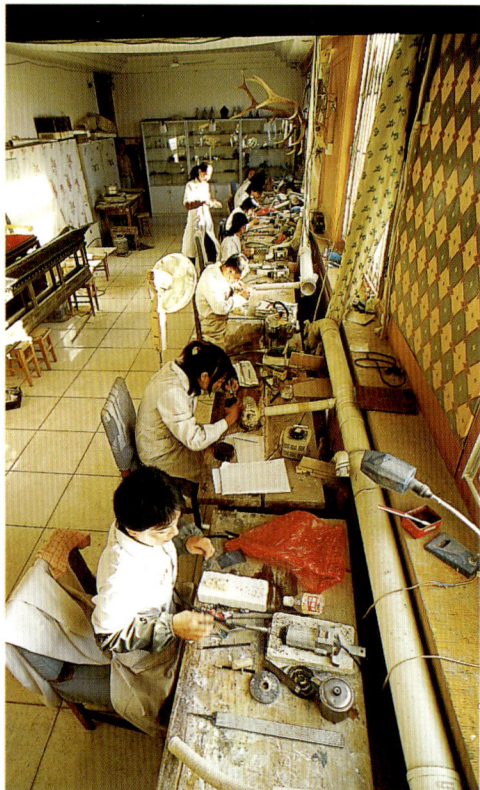

▲ 巴林石产品生产车间

▲ 巴林石第一道工序相石

1. 矿石开采

开采冻石时，为避免冻石的震动，不受损坏，土层部位应采用定向炸药，围岩石部位应采用膨胀炸药。围岩石暴露后，要用撬棍沿石缝把围岩石逐块撬掉。当要采的冻石暴露出来时，不要急于挖掘，应该先找到冻石的线头，然后把撬棍与凿岩机结合起来使用，进行开采。

2. 矿石保存

开采冻石后，不要急于把冻石运出硐外，应该把冻石放在硐中停留一段时间，让它能够适应周围的环境。然后，要在石硐内对石材进行外墙涂料的涂抹，封闭石材的水汽，这样，就不容易出问题了。在条件不允许的情况下，应当把冻石埋在土中，避免通风。如果要运输冻石，应当把它装进箱里，避免行车时的惯性使石块之间相互撞击，还要避免冻石震裂或震出暗纹。

3. 冻石加工

加工冻石时，首先要相石，具体做法要视石材特点而定。

第一种情况：冻石较好。这类冻石只要选材加工即可，不过加工时间不宜过长。如果是做雕件，除雕刻时间外，其他的时间都要把半成品放在湿润、避风的地方，以补充水分，雕刻完成后，对其进行封蜡时，还要注意避免急冷或暴热。加工石章所用的时间较短，一般不会出什么问题。

第二种情况：冻石本身就有绺。对于绺纹较大的冻石，解料时要沿着绺纹开锯。切忌横向下锯，否则，必然会有横纹出现在石章成品上或是成品拦腰断裂。另外，图章的规格也要根据两道绺纹之间的距离来确定。相石时一定要仔细观察和分

▲ 鸡油黄高浮雕方章
规格：6×6×9.7 厘米
估价：80 万元

析绺纹的结构，准确估计内部绺纹的走向，避免出现失误。这种冻石只适宜图章的加工，而不适宜雕件的加工。

第三种情况：冻石已经风干走水。这种冻石如果不经过特殊的处理，按照一般的方法进行加工，在对其进行水砂纸打磨时，即会出现哥窑开片纹的效果，轻者石章上会布满裂纹，重者则变为碎块。冻石风干走水是长期缓慢形成的，因此，此类冻石遇水就会急剧吸收而膨胀，裂纹就会出现。

正确处理风干走水冻石的方法：

（1）选取略有水汽的泥土，把风干走水的冻石埋入其中两天，如此循序渐进，要不断更换泥土，水汽要越来越大，期限为 10～15 天。

（2）当埋藏冻石的泥土成泥状后，可取出冻石，把它直接泡在水里，时间为一

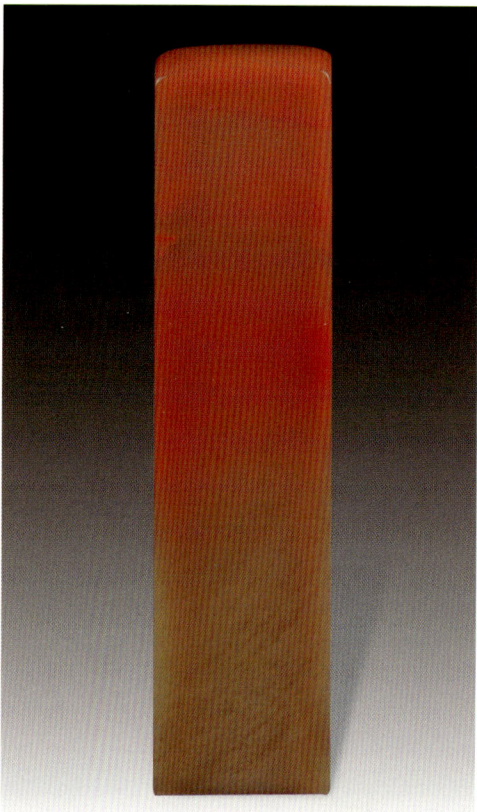

▲巴林冻石流纹彩冻方章

和风干走水冻石有些相似，因此，处理方法上也大致相同，只是要多加一道工序。在水泡后，封蜡前，要把冻石用油浸一个星期左右。这样，就会恢复暗纹而观察不出绺纹。需要注意的是，上述的处理过程要尽量保持绺纹处的干净整洁，若布满脏色就不容易处理了。

成品冻石和鸡血石的保存方法相同，最忌讳碰撞或摩擦。一旦有这种情况出现，轻微的抹点油就能把痕迹掩盖，严重的则要重新打磨和封蜡。

三　巴林彩石的保存及加工

巴林彩石以色彩绚丽多姿，纹理惟妙

▲　鸡血石对章

周左右。

（3）冻石在吸足水分后再进行加工，就不会有裂纹出现了。

（4）用砂轮打磨冻石时，要磨磨停停，切忌连续或快速打磨，避免摩擦生热而使水分再次蒸发。

（5）要对冻石进行封蜡（用川蜡），一是为了保持光润，二是为了保持水分。封蜡后，石章被篆刻的底面是唯一容易走水的部位，也是经常吸收水分和营养的部位。由于其经常接触印油或印色，因此在不知不觉中已经吸收了水分，如果不常用，应经常用浸泡的方法为其提供水分。

第四种情况：冻石没有明显的裂纹。如果仔细观察石材，还是会发现表面布满密密麻麻的小裂纹。这种情况的产生原因惟肖，图案富于情趣，造型美丽奇妙见长。在我国，只有内蒙古巴林右旗盛产彩石，独一无二。

巴林彩石雕或印章的封蜡，使用工具不限，有烤箱、火炉，也可以用水煮，但要注意温度的控制，可用温度计来观察，也可凭经验及感觉。封蜡所用的材料一般为石蜡、蜂蜡或川蜡，普通石材选用70%的石蜡掺和30%的蜂蜡，高档石材雕刻件或异型章多选用蜂蜡，方章则多选用川蜡。另外，擦光时要多备一些卫生纸、脱脂棉和软布。

要制作成一件成功的巴林彩石工艺品，必须要经历以下四个阶段：第一个阶段是寻找石材，第二个阶段是人工雕刻，第三个阶段是成品打磨，第四个阶段是保存包装。

其中第三和第四阶段是最为重要的。根据传统做法称打磨工和包装工为辅助工，但是如果这两道的任何一道工序出了问题，即使是上上品石件，其价值也会淡然无存，一切都前功尽弃。

打磨图章时切忌伤角，打磨雕件时切忌走形。一件成功的作品应由作者本人来打磨，一般的作品也应由有一定的训练基础和实践经验的师傅来打磨。在完全不改变作品形态的前提下，要想把作品每一处都打磨得平如镜面，确实不是一件容易的事。如果打磨不过关，就无法反映石材的本质和特色，打磨的优劣对外观具有直接的影响，即使是同一个作品，其外观也会有天壤之别。另外，如打磨不过关，再好的石材和雕功也都是白费。而打光和封蜡正好可以解决这一问题。

保存有内包装和外包装两种，主要为内包装。高档的石雕内包装，一般是将作品用脱脂棉或软泡海绵精心缠好，再用锦盒或塑料袋装起来，然后放入有防潮纸的木箱内，要用纸毛子塞紧；低档的石雕，通常用纸或塑料袋把作品包好，再放入纸盒内，用纸毛子塞紧。图章内包装的纸盒或锦盒尺寸大小必须和图章相同，不能松动。

另外，出口产品需要远洋运输，因此包装要慎之又慎，除在外包装上填写名称、毛净重外，还应注明防水、不能倒置的标记。包装的好坏会对产品质量造成两个极端的影响，一是产品完整无缺，二是产品不损即伤。对于从事石雕工作的人们来说，包装工作不容忽视，这一点应特别注意。

▲ 巴林米花冻方章

▲ 白玉冻斜头章

规格：2.5 × 2.5 × 10 厘米(左)　　2.5 × 2.5 × 13 厘米(右)

四　巴林石的封蜡保养

封蜡主要是为了给石材上光，使巴林石不会开裂，保持较好的光泽和莹润。石材和印章的开料和磨光大多是浸泡在水中进行的，这样可以使其保护得更加完好。出水之后，由于受到阳光和自然风的影响，石材表面会发生不同程度的开裂现象。一般，温、润、黏的石质很少会发生开裂现象，而脆、燥、硬的石质发生此现象较多。另外，颜色纯正、透明度高的作品也常有此现象发生。因此，印章或石雕越珍贵，封蜡越要及时。

通常，70%的黄蜡（蜂蜡）和30%的工业白蜡制成的蜡，才能用于封蜡。黄蜡一般为黄色，具有很强的渗透力，质地比较硬。印章或石雕若出现开裂时则多用此

进行修补，效果很好，有时就连制造者自己也找不到原先开裂的地方。不过黄蜡也存在缺点：一方面残留于印章或石雕上的蜡痕冷却后不容易清除，如果强制剔除则会将作品划伤；另一方面黄蜡的价格比较昂贵，如果完全使用黄蜡则会使成本增加，这也是要加入一部分工业白蜡的原因之一。

封蜡的操作过程可分为两种：一种是青田式。具体步骤是：把印章或石雕磨光雕刻完成之后，放在下面有炉火或电炉加温的铁板上进行加热，然后用毛刷把蜡涂在作品上。虽然这种封蜡方式一直被沿用，但是其缺点也是显而易见的。印章或石雕在炉火的烘烤下，内部应力会受到激发而容易老化开裂，出现较多的裂纹且无法补救。这一问题大多出现在浙江一带制作的印章或石雕上，并因此而受到较大的损失。

另外，还有一种比较简单、科学的封蜡方法，多用于京津地区。具体步骤如下：首先，在铝锅或铁板制成的方箱中，放入70%的黄蜡和30%白蜡进行混合。然后，根据熔蜡的形状，用镀锌丝编制成一个带提梁的铁筐，这是用来放印章或石雕的。蜡熔化之后，把筐和作品一起浸于其中。这时要注意温度的把握，确保作品表面没有凝固的蜡。最后，将铁筐和作品逐一取出，擦去多余的蜡。要注意的是，作品表面要留有一层薄的黄蜡。完全冷却之后，还要用软布进行抛光，这样作品才会达到血色艳丽，光洁度高，没有裂纹的效果。若是不向外部展示，而是想要长期保存的话，就不必抛光，直接保留那层薄蜡放入收藏盒内。这种封蜡方法最适用于比较名贵的印章或石雕，如价值很高的鸡血石，还有巴林黄、羊肥冻等品种，只有用此方法才会不变质、不氧化，以获得最大的安全系数。

此后的存储收藏过程中，附于印章或

石雕上面的那层薄蜡，就可以对石材起到直接的保护作用，以此延长使用期限。有些人用白茶油或其他植物油，以养护寿山石的方法来养护巴林石是不可取的，主要有如下3种理由：

（1）寿山石的耐热性比较差，超过80℃就会有变色现象的发生。不过峨眉石和连江黄除外，通常不封蜡，以免降低等级。而巴林石的耐热性较高，即使是150℃也不会发生变色。通过试验证明，巴林石比较适宜采用封蜡，而用封蜡来处理寿山石，只要对温度进行严格的控制，其方法也要优于植物油的养护。

（2）将印章用植物油进行搽抹，植物油在一段时间后会浓缩，从而形成一层胶状物于印章表面或凹处。若是落上灰尘，要将其清除干净是很困难的，影响美感，如果清除不当还会对印章造成不同程度的损坏。

（3）对于经验丰富的收藏者来说，如果用植物油定期对印章或石雕进行搽抹来养护，这将是一个很大的负担。因为大多是用锦盒来收藏印章或石雕的，若使用植物油自然会对锦盒造成污染。

综上所述，巴林石最适宜用封蜡来进行养护，至少巴林石印章的养护适宜采用封蜡。

在众多的印章或石雕中，鸡血石的封蜡难度是最大的。由于鸡血石中含有金属汞，易氧化，特别是在强光、高温及紫外线的作用下，更容易老化。这个问题应引起广大制作者和收藏家们的高度重视，对鸡血石进行封蜡时，和普通印章一样，要注意温度的严格控制。

另外，在封蜡技术的操作过程中尤其要注意：在印章浸入熔化的蜡液中后，查看、测试温度要及时，一旦蜡液滑离印章就要将其取出。当印章温度在70℃～80℃时，再用手将表面的稠蜡抹去，然后用软布进行轻轻擦拭。

▲ 三彩红鸡血方章
规格：2.8 × 2.8 × 10 厘米

▲ 鸡血石对章

附录一　内蒙古巴林石分级简表

等级	工艺美术要求或规格
特级	全红、鲜红色，或"鸡血"分布均匀，无裂纹和杂质，块重1千克以上
一级	紫红或红、黄、白等相间，分布均匀，无裂纹和杂质，块重5千克以上
二级	白、黄、花斑色，分布较均匀，无裂纹、杂质较少，块重10千克以上
三级	白、黄色，分布较均匀，无裂纹，有杂质，块重15千克以上

附录二　内蒙古巴林鸡血石分级简表

等级	工艺美术要求或规格
极品	血色呈朱砂红，血量很大，地子为牛角冻或桃花冻等。光泽强、透明度高。质地致密细腻、坚韧。无裂纹、杂质及其他任何缺陷
上品	鸡血，血量大或宽厚，地子纯净。光泽强，半透明。质地致密、细腻、坚韧、光洁。无裂纹、杂质等缺陷
中品	鸡血色鲜红，血量较大，地子较纯净。光泽较强微透明或半透明。质地致密、细腻、坚韧。但地子中含有絮状、钉状等杂质（丝缕状、硬块状包裹体）
下品	鸡血色紫黑（俗称"死血"），地子一般，微透明；或血色尚红，地子为"狗屎地"。质地致密、细腻。杂质、裂纹等缺陷较多
劣品	鸡血色暗黑，质地较疏松，不透明。杂质、裂纹多，质量很次。一般不能用作工艺美术石雕材料

附录三　昌化鸡血石与巴林鸡血石的比较

项目	昌化鸡血石	巴林鸡血石
血色	血色鲜红、分布具方向性、有规律	血色暗红或为不成熟的大红，呈棉絮分布。
质地	矿物组合复杂，主要为地开石、高岭石。性坚韧，常含有少量杂质，单色较少	矿物组合单一，为高岭石或叶蜡石。性嫩易裂，比较纯净，单色较多。
变色	因辰砂纯度高，致感光元素含量低，日光照射不易变色	中因辰砂纯度低，致感光元素含量高，日光照射容易变色
血形	血形分布具有明显的方向性。高档鸡血石以大片状、团块状、条带状为主，而且聚稀散集程度高	血色明显呈絮状分布，不具方向性，高档"鸡血"也是以云雾状为主，血形比较
加工	坚韧，抛光后光泽硬朗，似玻璃镜面；抗压、抗击强度大	细嫩，抛光后光泽亮而不硬朗；不抗压、不抗击

主要参考书目

1、《巴林石志》，胡福巨著，北京出版社，1989年9月

2、《巴林石志》，门国礼著，内蒙古人民出版社，1991年2月

3、《巴林鸡血石精品赏析》，张学苍、王陟著，华龄出版社，2006年1月

4、《巴林福黄石精品赏析》，张学苍、王陟著，华龄出版社，2006年1月

5、《巴林冻石精品赏析》，张学苍、王陟著，华龄出版社，2006年1月

6、《巴林彩石精品赏析》，张学苍、王陟著，华龄出版社，2006年1月

7、《四大名印石》，方泽编著，百花文艺出版社，2007年1月

8、《品味经典——陈振濂谈中国篆刻史》，陈振濂著，浙江古籍出版社，2007年3月

9、《印石鉴赏与收藏》，沈泓、王克平著，安徽科学技术出版社，2006年9月

10、《中国奇石美石收藏与鉴赏全书》，谢天宇主编，天津古籍出版社，2005年4月

11、中国巴林石网，www.chifeng.net/balinshi

特别鸣谢

《巴林石鉴赏与投资》一书从选题策划、编辑制作到即将付梓，期间经历了近 3 年的时间。在本书即将付梓之际，特向参与本书编写、制作及出版社的相关人员表示最诚挚的谢意！在此也要特别感谢为本书提供图片的巴林石收藏者（单位）、雕刻者（单位），有了他们的支持才始本书显得更加完美，他们是：

石艺林、杨惠敏、王雄平、吕鹏举、李成国、赵惠祥、包富、孙宪苹、付金成、许英华、刘艳兵、乌古力、乌力吉、白晓辉、笑长、张丽华、金玉良、王金良、巴林右旗博物馆、赤峰市敖汉旗博物馆、艺美雕艺公司、墨石斋、醉佩阁、石韵斋、福林厂轩、国石轩、聚石斋、墨石轩、醉石斋、赏石斋、天艺石轩、巴林石印章馆等。

声　明

本书在编写过程中参考和引用了部分专家学者的相关著作，但由于客观条件所限，未能及时与原作者取得联系，在本书即将付梓之际，特向相关作者表示最诚挚的谢意！请各位作者在见到本书后，及时与我们联系，以便我们按《中华人民共和国著作权法》的相关规定支付相应稿费，谢谢！作者联系邮箱：raady@tom.com。